超業攻略

比銷售技巧更值得學的事

超級業務、超業講師、行銷表達技術專家

解世博——著

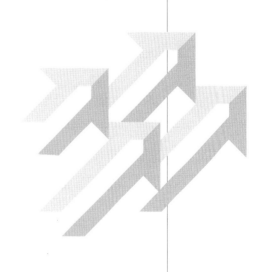

各界專業人士推薦

超業級學員推薦

我認識Herbert老師超過十五年，他是銷售系統的開山始祖，更在台灣各產業銷售團隊大放異彩。Herbert老師的教練功力與時俱進，廣收天下英雄豪傑並能培養成各行業的頂尖。我干城系統將近五百位夥伴，在Herbert老師培訓過之後，對於能將銷售技巧模組化、精簡化並且容易吸收學習運用讚嘆不已，絕對精準、絕對犀利，銷售教練Herbert老師絕對是銷售行業想要稱雄進階的最佳選擇！

——中國信託金控 台灣人壽 干城系統總監　陳志明

「與時俱進」是與世博兄結緣最大的契機，同樣是超過二十年的銷售歷程，但令人敬佩的是世博兄的「銷售魂」！從他身上感受到無法抗拒的「銷售心流」，專業用心規劃的課程，場場爆滿；系統化教學、順暢易懂；分分秒秒，掌聲、笑聲、淚水不斷……，真是難得，更是值得！在這個快速進步變化萬千的時代，能有這麼優秀的年輕「宗師」引領大家，欣喜若狂！

感恩世博兄再度出書，不藏私地把多年的銷售心法和大家

分享！誠心期盼您我再度參與一同共修共享美好的蛻變成長。

——信義房屋前菁英會會長／頂尖超業　盧香曲

（去年）慕名邀請解老師來為鴻麗新堀江團隊扎根上課，解老師獨特的銷售觀念與技巧依舊深植腦海。解老師最強的是能夠把銷售系統化、模組化，再運用演練的方式，讓所有的同仁能夠理解銷售的原理，讓同仁在最短的時間引發客戶共鳴，這是我上過最棒的課程。解老師讓新人與老鳥都能夠快速地建立對銷售的正確觀念，並立即運用在工作上，真的非常實用，誠懇推薦給所有好朋友。

——永慶不動產 榮獲九年全國業績總冠軍 鴻麗新堀江團隊
執行長　洪伍賢

管顧業大力推薦

每天早上都能在 Facebook 看到解世博老師為銷售人打氣問候，就像老朋友陪伴你度過銷售路途的挫折，持續多年、每日不間斷，偶爾一句畫龍點睛，就解決我沒想到的銷售盲點。

談起銷售，人人都有自己的一套武功心法，但要淬煉出百來種可操作的銷售方法可就是硬功夫了。為什麼有的人經營客戶像滾雪球一般越滾事業越龐大？如何幾句話就讓客戶順著你的思路走，順利成交訂單？

在這本書裡解世博老師會帶給你解答。

——言果學習創辦人　鄭均祥

Herbert 老師是天生的業務員，從事業務工作多年後，將自己的銷售經驗整理成系統化課程，不僅傳授心法更擅長劍法，是講師界很少有的系統化銷售課程，也因此廣受肯定及歡迎。站上講台的他，真誠地展現對銷售工作的熱愛，是很有魅力的銷售專家，很能感染並帶動聽眾，以從事銷售工作為榮。現在他出版《超業攻略》一書，為從事業務的朋友的福音，人人都需要一本。

——清涼音文化事業社長　洪木興

商業名師推薦

世博的這本書，首先強調銷售魂的養成，學會紀律、利他與情緒管理，其次必須開發客源、接觸拜訪、秀出產品、引導成交。內容結構清楚，充滿著解決問題的思維與溝通技巧的實例，讀了收穫良多，非常推薦大家也閱讀看看。

——台灣科技大學管理學院前院長／專任特聘教授　盧希鵬

從書中，看到一位孜孜不倦的執行者、創意家，願意將寶貴經驗透過出版、透過網路、透過社群，鋪天蓋地讓銷售人，能學習、能模仿、能感受、能應用。

祝福大家，善用銷售，為自己的工作和生活迸出成就與光彩。

——台灣科技大學管理學院前院長／執行長／教授　欒斌

書中有句話，我很喜歡，「銷售，就是做人的道理。」是的，在天下為公的理想下，完美的銷售達到「互通有無，共利而生」的境界，豈不美乎！

——台灣科技大學兼任副教授、國票金控資訊長／
IBF Financial Holding Co., Ltd. 董事、
國旺國際融資租賃有限公司前董事長／現任董事　羅天一

人生無處不銷售，銷售工作是職涯最好的訓練。學習頂尖業務員化不可能為可能；效法他們遭遇挫折時，止痛療傷，快速復原；像他們一樣有追求更高目標的企圖心。

本書令人印象深刻，篇篇都有精彩豐富的案例故事，將銷售的觀念、策略與技巧，融入日常工作的實際應用中，其中指導的心法與劍法，讓你快速掌握銷售這項必要能力，做任何事都能水到渠成，一生受用無窮。

——城邦媒體集團首席執行長　何飛鵬

解世博老師將超級業務的「心魔」寫在書裡，並且告訴你如何「驅魔」，真的是過來人才找得出的點。

非常負責任的一本超級業務攻略手冊，幫你有尊嚴地賺大錢。而你只需要做的，就是翻開它，然後，靜下來讀！

—— JW 智緯管理顧問公司總經理　張敏敏

　　基於自己創業前十年擔任 CEO 以及公司唯一銷售的經驗，我相信從銷售實戰中累積的經驗才是真正的武器。

　　擔任職業培訓師至今，參與好幾個案例萃取項目後，我才理解成功的經驗是可以萃取出來的，配合良好的說故事技巧與包裝，成為一個值得複製的標竿案例！

　　Herbert 老師匯聚多年銷售實戰經驗，透過萃取手法，加上說故事技巧，整理成一則又一則「超業攻略」。從事銷售工作的您，趕緊加入掌握這些攻略，才能早日成為超業！

——勝典科技股份有限公司創辦人／ ATD 認證大中華區講師

蘇文華 Wally

　　如何準確有效地建立客戶信任關係？除了購買商品之外，客戶還幫你做轉介紹？或者你在銷售領域上卡關，想提升業務能力，或者帶領你的業務團隊更強大。這本解世博老師寫的《超業攻略》可以幫你凸顯與同業的差異，在客戶心中擁有無法取代的價值！

——口語表達專家、企業講師　王東明

　　解老師是我認識的人當中，即便已經很傑出卻持續精進的模範。

　　幾年前得知老師開始經營粉絲團，此後每天都能看到老師的早安文，營養又豐富，著實獲益良多。老師此次出版的《超

業攻略》，以系統思維貫穿銷售的心法與劍法，想必更是精彩。筆墨之間，但見老師課堂風采，相信有本書陪伴的銷售夥伴，業績肯定暢旺長紅，再沒有難成的訂單。

謝謝老師為銷售人寫下如此精闢實用的佳作。

——知識變現力講師　王乾任

成功銷售，在競爭的市場中，是唯一的航道。如果你在能見度不高的天空迷航，解老師已經為你導引邁向成功的天際線。

很多人用扁平的文字告訴你銷售心法，但這本書用生動活潑的立方體文字呈現，讓你迅速啟發左腦的邏輯力和右腦的想像力。

想像你，將成功銷售學輕易地掌握在你的指尖，創造你自己的品牌之路。

——震旦集團雲端事業部副總經理、二〇一八獲選年度經理人
SUPER MVP、經營管理、洞察商機 權威講師　林敬寶

Contents
目　錄

1
頂尖超業的關鍵養成

2

開發客源

3

接觸拜訪

4

秀出產品

5

引導成交

〈專文推薦〉

銷售，就從解決問題與溝通開始

盧希鵬

台灣科技大學管理學院在申請 AACSB 認證時，我們訂了兩項非常重要的學習目標，就是溝通的技巧，與解決問題的能力。希望我們的學生畢業以後，這兩個能力都能夠比其他學校的學生強。當時我請了翁樸棟博士來學校教導我們學生業務銷售的理論與實務，這門課大受好評，學生們學到了比銷售技巧更重要的事，也就是解決問題與溝通的能力。

我為什麼重視業務訓練？因為高中的時候曾在一家兒童美語教材的機構打工，老闆要我們穿著建國中學的制服，拿著他們給我的名單，挨家挨戶地按門鈴，向名單上的家庭推銷他們的美語教材。我第一天就打了退堂鼓，因為實在沒有勇氣陌生拜訪，也害怕被家長趕出去。我沒有勇氣，沒有溝通技巧，更沒有解決問題的能力。

看了世博的這本書，告訴我當初銷售兒童美語教材是為了解決家長的問題，溝通的技巧是讓家長們能夠自己說出他們的需求，而不是被強迫地接受我的說詞。如果早一點讀到這本書，我高中時代應該可以賺到很多買書的零用錢，同時也可以幫助

很多人。

　　世博的這本書，首先強調銷售魂的養成，學會紀律、利他與情緒管理，其次必須開發客源、接觸拜訪、秀出產品、引導成交。內容結構清楚，充滿著解決問題的思維與溝通技巧的實例，讀了收穫良多，非常推薦大家也閱讀看看。

　　（本文作者為台灣科技大學管理學院前院長／專任特聘教授）

〈專文推薦〉

人人學得會的超業攻略

樂斌

我與 Herbert 的師生結緣是在二〇一六年，他加入台科大 EMBA 的時候。

他從最基層的一線銷售人員出身，有著多年豐富的銷售實戰經驗，現今更是各銷售產業的銷售訓練專家。

在台科大 EMBA 我們師生互動學習的時光裡，Herbert 榮登當年本校 EMBA 個案競賽的 No.1，並將所學得的個案萃取與分析的手法，運用在他的授課當中。我們都看到 Herbert 帶入了一股創新，而這股創新也正是他學以致用，並讓更多人受益。

同樣是在做教育，我深刻知道「會做」和「會教」，中間有一道鴻溝，但 Herbert 運用他自身組織架構能力以及豐富的實戰經驗，完美地將銷售本領，轉化成人人可學會的超業攻略。

獲知 Herbert 又更進一步地跳入了我擅長的電子商務、網路行銷、社群行為的領域，推出了 Herbert 個人代表作「業問100」名師頻道，更讓我驚喜（其實驚訝更多）於 Herbert 的快速與精準，真真實實成為台灣推動知識經濟、內容付費的實踐家。

　　看著現在放在我桌上的這本書，欣羨各位也跟我一樣，有機會能從書中，看到一位孜孜不倦的執行者、創意家，願意將寶貴經驗透過出版、透過網路、透過社群，鋪天蓋地讓銷售人，能學習、能模仿、能感受、能應用。

　　祝福大家，能跟 Herbert 一樣：從學習中享樂，從享樂中學習；在閱讀的同時，一起感受到 Herbert 的熱情與智慧，善用銷售，為自己的工作和生活迸出成就與光彩。

　　　　　　　（本文作者為台灣科技大學管理學院前院長／執行長／教授）

〈專文推薦〉

互通有無，共利而生

羅天一

　　我習慣以「博士‧解」來稱呼解世博老師，因為第一次與他結緣是我擔任世博的碩士口試委員時，在他的口試報告及答辯中，口試當下即覺得這位業界的行銷專家確實有他的實務見解及教學方法，當然他也高分通過碩士口試，順利地在學位的努力過程中更上一層。

　　第二次結緣是他送了我一套他的「行銷表達力」及「銷售贏家」系列DVD，在兩年前的農曆過年長假間，我特地拿出來從第一片看起，雖然我本身也從事金融業務有超過十年以上的實戰經驗，但從世博的教學DVD中，我也學到了他在業界之所以如此有名氣的精彩表達術及銷售技巧。不知不覺，我竟然在長假中把兩個系列六片DVD都看完了。難能可貴的是我二十二歲的兒子Billy（一位亞斯青年）也目不轉睛地深為DVD中的精彩講述所吸引，世博的「行銷表達力」及「銷售贏家」系列DVD也將Billy如此單純的青年直接帶入了銷售的新境界。

　　此次與世博的第三次結緣就是他的《超業攻略》新書。書中有句話，我很喜歡，「銷售，就是做人的道理。」是的，在

天下為公的理想下，完美的銷售達到「互通有無，共利而生」
的境界，豈不美乎！

（本文作者為台灣科技大學兼任副教授、國票金控資訊長／IBF Financial
Holding Co., Ltd. 董事、國旺國際融資租賃有限公司前董事長／現任董事）

〈專文推薦〉

超業。超會。超越

張敏敏

　　第一次看到解世博老師，印象最深刻的，就是藏在他眼鏡後面的那雙調皮眼睛。那雙眼睛，看人時充滿好奇，說話時充滿能量，能量竄流在對談當中，「業務魂」，不言而喻。

　　拜讀完《超業攻略》，解老師特別鋪陳擔任超級業務該有的心態，其中，我最深刻的，就是提到眼界提高，且不斷督促自我成長。當一位超級業務的思維是老闆思維，就會和老闆級人物成交。當一位超級業務不斷充實知識和涵養，就會言之有物，而吸引有知識的非凡人物。有了眼界，有了知識，當對方發現你很會，你「超會」，自然就會覺得你非俗物，超級業務魅力，不求自來。

　　《超業攻略》中也提到熱情與動機，鼓勵向親友宣示你的銷售身分，以此自我鞭策，超越自己。因為突破來自陌生開發的恐懼，且自律地不斷追求目標，當超越自己成了習慣，也慢慢習慣「超越」，習慣越來越優秀，自然就成為超業。

　　解世博老師將超級業務的「心魔」也寫在書裡，並且告訴你如何「驅魔」，真的是過來人才找得出的點，而這樣的一點

一滴，二十五年成就大業，讀完，讓我感動萬分。

　　非常負責任的一本超級業務攻略手冊，幫你有尊嚴地賺大錢。而你只需要做的，就是翻開它，然後，靜下來讀！

　　　　　　　　（本文作者為JW智緯管理顧問公司總經理）

〈專文推薦〉

有攻略，才能說「中」點

王東明

　　不要以為超級業務只要出一張嘴話很多，真正的超級業務不是話多，而是懂得說「中」點！

　　不管賣什麼產品，除了要充分了解產品之外，最重要的是先把自己賣出去，讓客戶願意停下來聽你說什麼。搞懂商品已經不容易了，短時間要跟客戶建立信任更不容易，即使有好的商品，客戶有可能不向你下單，卻會找其他業務買。經營客戶不是亂槍打鳥，一定要有「攻略」！

　　市場上教銷售的老師很多，很多同業管顧訝異我跟解世博老師很合得來，還可以密切往來不藏私地交流。我想都是一路苦過來的，也都是長子的原故吧。小時候他幫爸媽在市場賣水餃，我退伍時被逼著在街上賣滷味，回想當時都覺得自己很苦很可憐啊！現在我們都很謝謝當年年幼的自己，願意把在市場磨練當養分，今天能在講師的台上分享一路走來的實務經驗！

　　曾經，我在他的教室出現，看到他跟學員的互動方式。當學員提出很多問題時，除了耐心解答之外，還會鼓勵他們試著用新的方法調整自己的銷售模式。若沒有強大的銷售經驗的累積，

是沒有辦法這樣精準地點出學員的盲點。

如何準確有效地建立客戶信任關係？除了購買商品之外，客戶還幫你做轉介紹？或者你在銷售領域上卡關，想提升業務能力，或者帶領你的業務團隊更強大。這本解世博老師寫的《超業攻略》可以幫你凸顯與同業的差異，在客戶心中擁有無法取代的價值！

（本文作者為口語表達專家、企業講師）

〈作者序〉

銷售路上，友伴同行

　　為什麼我會踏入銷售這一行？這要先從父親影響我最深的一句話「自己想辦法」開始說起。

　　我的父親隨著國民政府來到台灣，他和我母親這對年齡相差三十歲的夫妻，靠兩雙手包水餃，一枝草一點露拉拔大我和弟弟。我讀高職的時候很想要一台摩托車，跑去向父親探口風，父親說：「家裡賺的錢，夠你們兄弟倆念書，但沒辦法幫你買其他東西——你，就自己想辦法吧！」

初出茅廬，一腳踏入保險銷售

　　為了買台拉風的摩托車，我便自己想辦法，跑去冰淇淋店打工。一開始我擔任外場，負責抹桌子、送餐點，瞧見負責吧檯的學長會泡咖啡、做果雕和冰淇淋聖代，有技術就是賺得比領時薪的多，客人們喜歡坐吧檯欣賞他的手藝，也總把小費留在那兒。我便向學長拜師學藝，在練習果雕時，不小心把左手食指劃出一道深可見骨的傷，疤痕至今清晰可見。打工幾個月存下來的錢，終於讓我擁有人生第一台摩托車，得意地騎車拉風的同時，也第一次嚐到了靠自己想辦法達成目標的滋味，甜

美而踏實。

當兵期間的某一天，家裡傳來噩耗，父親在浴室滑了一跤，隨即併發中風，必須長期臥床。父親這一跤在病床上躺了八年半，在沒有任何保險的情況下，母親為了扛起家庭的經濟重擔，身兼數職，一個人做三份工作，辛苦堅韌地扛起家計。

身為家中的長子，對家裡的重擔有一份強烈的責任感，我決定放下升學的規劃，打算退伍後立即投入職場，分擔媽媽的重擔。但同時間有個可怕的念頭閃過腦海，如果在我努力扛家計的過程中，媽媽也不小心滑了一跤，怎麼辦？正因為家庭變故的這一段經歷，讓我開始認識「人壽保險」。

二十歲退伍的那一年，在這股危機感的影響下，我認為自己不該只找一份「薪足餬口」的工作，而是哪個行業可以賺到錢，我就去做。

當時聽朋友談到「做業務能賺到錢」，而我也相信保險能為每個人、每個家庭做出風險規劃並帶來保障，於是決定投入保險銷售這份工作。

看見努力的收穫

當媽媽聽到我決定去做保險業務的那一刻，整個人愣住了，她說：「保險都是人情保、都是拉親戚朋友，搞到最後做保險的會一個朋友都沒有！」為了解除媽媽的顧慮，我安慰媽媽說：「我去沒有朋友的地方不就好了！」於是一個台北小孩為了做保險，

隻身到高雄發展，而這一待就是十二年。

當初那個台語講不「輪轉」的小屁孩，沒資源、沒人脈、人情世故沒開竅，遇到客戶什麼都聊不來，真是初生之犢不畏虎，全憑著一個「膽」。一心想將銷售做好做出成績，我心想：「別人能，我也能。」靠著兩腳「勤」，從早跑到晚，沿街挨家挨戶陌生拜訪，週末假日不得閒，大小公園勤作問卷……，這些已是過往的事，回想起來仍歷歷在目。然而哪裡知道，這樣保險業務做了三個月，一筆保單都沒成交，別說要賺到錢，連三餐生活費都成問題，勞保費竟然還要靠公司財務部代墊。

不知道是不是天公疼憨人，到了第四個月，終於慢慢地開竅了，一張一張小單累加起來，也領到了人生第一筆六位數的收入，那一瞬間我深刻感受到——努力是會有收穫的，只是成果不一定會立竿見影，還要看你是否熬得住。

銷售業務工作的意義，不只是錢

曾有朋友提醒我：「銷售業務認真拚一陣子，賺到錢就快點轉行。」半年後，開始做出不錯的成績，過了兩三年，不但能應付家裡支出，也存了一點積蓄。按理說，我可以考慮轉行，別當一輩子的銷售業務才是。這時我才赫然發現，銷售業務工作帶給我的成就感不只有金錢的累積，我愛上了銷售，更愛上了與人互動。

原本不信任你的人，在幾次交流後把你當朋友。高雄人情

味特別濃，客戶知道我是台北小孩，在高雄無親無故，總留我下來吃飯，過年過節甚至把我當家人般地照顧，而我更感動的是，客戶做了投保的決定，幾年後得到理賠或累積了一筆財富，他們感謝我，說當年因為被我影響，不但讓他們免除後顧之憂，發生狀況還有理賠金當保障。

這些真實的回饋與見證，讓我深刻體認到：「銷售業務這份工作，所做的是人的事業。」談的不是生意往來，而是人與人的經營；賣的不是產品服務，而是人與人的信任；用的不是技巧話術，而是人與人的互動。我看到了銷售業務工作的不同意義，自己不但更樂在其中，還發展出團隊組織，甚至成為當時全台灣保險業最年輕的業務主管。

許多人對我的好奇是，一個「南漂」的台北屁孩，從事高挑戰的銷售業務工作，是怎麼存活下來的？又憑什麼每次都能在業務競賽中名列前茅，甚至連續三年成為全公司第一名？我認為，銷售業務員對於這份工作的體認為何？絕對是核心關鍵。

轉戰電話行銷

二〇〇五年母親罹癌，為了照顧母親，我毅然決然轉換戰場，返回台北。陪母親化療的過程中，我同時思考，回到台北再次面臨沒資源、沒人脈，工作該從何處開始的問題，而我再次選擇銷售工作——我想到電話行銷這個領域去嘗試歷練。

許多朋友聽到我要轉戰電話行銷，都好心並開玩笑地跟我

說：「電話行銷這份工作靠的不就是話術、忽悠⋯⋯」「這份工作不值得你投入⋯⋯」，紛紛勸我別走這一行。

但我的想法是，面對面銷售我已歷練了十二年，靠著人與人的信任，用心經營，讓業績開花結果。如果是隔著電話筒，彼此都不認識的情況下，如何能將產品銷售給對方呢？既然我已經具備面對面的銷售經驗，若還能讓我練出靠著電話就能銷售的本領，日後要轉戰到各行各業豈不是更吃香？

從事電話行銷工作兩年的時間，憑著我對銷售的熱忱，以及自身的銷售經驗，連續二十四個月成為公司第一名，並創下單月成交 379 位客戶，年度成交超過 3800 位客戶的銷售紀錄（至今仍為銷售紀錄保持人）。

兩年的電話行銷工作中，讓我認識到：「銷售原來是一門技術。」之所以有這樣的體認是因為，許多銷售夥伴覺得銷售成交，靠的是運氣。如果銷售的成交與否只是單純地靠運氣，那從事銷售行業夥伴們的成就，不也等於是聽天由命？銷售成功與否，當然有許多關鍵因素，但在技術上應該能將它科學化、系統化。

有這樣的想法後，透過銷售實戰經驗的萃取，形成系統模式，不斷地重複「修正、運用、檢視」這個流程，讓銷售能力持續提升，不但與人銷售互動更有溫度、能得到客戶的接受認同，進而讓客戶更有意願購買產品（服務），這不就是每個銷售人一心一意追求的目標嗎？

銷售人生的新階段

近十二年來，我成為各產業行銷業務單位的顧問，輔導超過 2000 個業務銷售團隊，在兩岸三地巡迴授課、演講的次數超過 3500 百場。在擔任企業講師的歷程中，我遇到躍躍欲試想踏入銷售行業的新鮮人、想讓業績更上一層樓的資深業務員，以及在這一行跌跌撞撞、開始感到灰心喪氣的夥伴，他們經常拋給我一道考古題：「做銷售真的能成功嗎？」

我認為銷售這一行很公平，它不管一個人的學歷，不論斷那個人的出身背景、父母是誰，所有人遇到的挫折都一樣。然而，為什麼只有少數人能夠成功？關於這個問題，我認為以下三點是關鍵：

第一點，找到內在動能與目標

大部分的銷售人缺乏內在動能以及明確的目標。

當一個人欠缺自我動能時，一時間可能跟著激勵大會台上、身旁的人一起嗨，但離開那樣激昂的情境，整個人又像洩了氣的皮球。船在海上航行，一定要有方向、目的地，否則就等同隨波逐流。

第二點，得法才容易勝出

從事銷售一定要得法。在過去，成功模式可以仰賴不斷摸索，但在現今高度競爭、市場變化一日千里的環境中，還沒摸

索出成功模式恐怕就先被淘汰了。假設你認為自己八字夠硬，恐怕仍免不了一番碰撞，流逝的血汗、時間與機會成本，將不再回來。最快而有效的方法應該是，從他人跌跤或是成功的經驗當中，找到學習點，提煉出能運用發揮的寶貴指引，不但減少瞎摸索，更能快速轉化成自己的成功模式。

第三點，策略思維更快創造成就

許多銷售夥伴空有雄心抱負，但行動計劃卻是走一步、算一步，甚至永遠不知道下一步在哪裡！

當多數的人只用二〇％的時間思考，花八〇％的時間苦幹蠻幹，達到差強人意的結果，你是否願意用八〇％的時間做出關鍵思考，以二〇％的時間重點操作，達到十分滿意的成果呢？

比起銷售技巧，更重要、更值得學習的就是攻略思維。在過往的時代，憑膽識、靠勤奮，還很有機會；現今多元競爭、資訊爆炸，必須還有「謀」。過去肯跑就有機會，戲棚下站久就是你的；現今除了肯跑，還得思考如何跑得聰明有效益。誠實檢視自己屬於「用心經營型」，還是「無頭蒼蠅型」？規劃銷售事業的「策略」很重要，給自己一點時間沉澱、思考，這就是現今的決勝點，如同我在銷售課程中常提醒夥伴的：「拚得努力，還要拚得聰明！」

《超業攻略》這本書集我二十五年銷售經驗的大成，不藏

私地告訴大家如何養成銷售魂，並在開發客源、接觸拜訪、秀出產品、引導成交的關鍵時刻，以系統性的攻略思維突破瓶頸，涵蓋銷售心法與劍法兩大面向，讓各行各業的銷售業務夥伴都能適用。期待透過《超業攻略》這本書，與您在銷售路上相伴同行，成就一起贏！

1

頂尖超業的關鍵養成

我是超業，我也輔導了各行各業的超業。

你一定好奇，同樣從事銷售業務這份工作，為什麼頂尖超業能展現自信從容，有方向、有節奏地往實現夢想的道路大步邁進，藉著銷售工作協助客戶實現夢想的同時，也獲得豐富精彩？

而更多表現一般的業務員，將銷售視為低聲下氣、看人臉色的工作，別說拚搏夢想，甚至連往哪裡努力、下一步去哪都不知道，經常感到前途迷茫。想在銷售路上勝出的機率，微乎其微。

不是每個銷售人都能成功，因為沒有頂尖超業所具備的思維與格局，也欠缺超業的自律習慣、能量管理、活動規劃。

當銷售人，對銷售有了初心，

就能昇華為信念，那是一股力量。

當銷售人，具備創業家的格局思維，

就能發展成事業，那是一種高度。

當銷售人，養成自律、建立習慣，

就掌握成功節奏，那是一種保證。

當銷售人，做好能量管理，

面對拒絕時能超越低潮挫敗，那是一種速度。

當銷售人，聚焦關鍵活動，

不隨風起舞而是用心專注，那就能看見財富。

　　當你也擁有頂尖超業的思維與能力，絕對能成為「銷售人才」，脫穎而出的那一天指日可待，在銷售路上創造成就，在銷售人生中發光發熱！

1-1 培養銷售力，奠定未來的財富基礎

抱持正確認知、正向價值觀，當銷售界的千里馬

　　我的許多客戶年輕時靠自己白手起家，至今在各領域發展出相當不錯的成果，都是大老闆和成功人士。按理說，這群富爸爸的孩子含著金湯匙出世，長大後踏入社會，不只不用煩惱投履歷、找工作的問題，在既有的家業裡，就已經有大好機會等著他們。

　　一位大老闆級的客戶知道我熟悉各產業銷售工作，有一天他請我幫忙，希望我推薦他的兒子去做業務。

　　我好奇地問：「您有這麼大的事業，怎麼不讓他接班？為什麼要兒子去做辛苦的銷售工作？」

　　「繼承家業？我還想不到我的孩子憑什麼能接班呢！」這位大老闆指出，孩子從小就過著富足的生活，雖然相貌堂堂、擁有漂亮學歷，但真要在社會商場上拚出一番成就，單靠家世背景是完全不夠的，「就算我現在讓孩子接班，他憑什麼讓公司的員工信服？講到研發產品，他了解市場客戶要什麼嗎？當

哪天要出外談生意，他懂得人情世故和應對進退嗎？」

大老闆的一番見解，著實讓我佩服，但我也擔心他把銷售想得過於美好，還是先打個預防針：「銷售業務是職場最棒的歷練，但是業務初期不好做啊，挺辛苦的，您捨得嗎？」

「在以前我那個年代，銷售沒多少人願意做，很多人抱著偏見，認為找不到工作的人才去當業務，但現在時代不同了……」

原來這位大老闆客戶年輕的時候，從日商公司最基層的業務幹起。當時每天拖著行李箱，挨家挨戶掃街拜訪。他坦言，是年輕時累積的銷售業務歷練，奠定了今日的事業成就。

「我不期待兒子靠銷售賺到多少錢，我是要他去歷練錢買不到的經驗！如果他能把最困難的銷售業務做好，才是他一輩子受用不盡、最寶貴的財富。」大老闆客戶說，要求孩子從最基層的銷售做起，是對孩子有更深的期許，「各行各業都需要業務人才，銷售工作是最好的歷練，所以我想讓兒子先去做銷售，多接觸社會上形形色色的人，這份歷練才是他以後在商場競爭中，最大的本錢哪！」

銷售維他命

唯有抱著正向認知做銷售，才能走得長遠並獲得富足。

在各產業銷售夥伴們的訓練課程上，我最喜歡問大家：「你當初為什麼會選擇銷售工作？」之所以喜歡問這個問題，是因為

一個人的回答能反映出他的銷售初心、對銷售的價值觀，也影響到他如何走銷售這條路，甚至決定了未來能做出怎樣的成果。

在現實的銷售場上有人做得好，卻有許多人問題重重；有人挺過銷售路上的困難挫折，卻有許多人在獲得成就時迷失。這多少反映了二〇／八〇法則，那銷售場上頂尖二〇％的銷售人勝在哪裡呢？我認為，他們勝在對於業務銷售有正確的認知，以及對銷售工作具備正向價值觀。

關係經營，才有源源不絕的財富

銷售是以「人」為本的行業，絕不只是場買賣而已。

同樣都是做銷售、拚業績，有人把客戶當肥羊宰、當柳丁榨，或發展出一堆矇拐騙哄的手法，搞得每次交易都像諜對諜，甚至還上了社會新聞版面。頂尖銷售人會認清眼前業績只是一時，經營關係進而贏得信任，才是得到訂單、長久永續的關鍵所在，藉著關係經營，讓原本不信任你的人信任你，贏得信任絕對甚過於眼前的利潤。

頂尖銷售人把客戶當小樹栽培，跟著客戶一起成長壯大，雖然一時的業績還不是那麼亮眼，但因為長期深耕和客戶之間的關係，所以業績越做越輕鬆。

善於溝通，就是關鍵本事

銷售講究的「溝通」本領，絕不是只靠一張嘴耍耍嘴皮。

有人全心鑽研各種簽單、砍單的話術，希望找到一種無敵話術讓客戶聽了就買單，但話術並不是溝通的真正本質。許多客訴糾紛來自招攬過程的瑕疵，誇大不實更導致後續一連串的銷售問題。銷售人必須認清，所有銷售技巧是以誠信為本，目的在於提升人與人之間良好的互動溝通，絕非為了洗腦你的客戶。

頂尖銷售人學習如何與客戶有效溝通，提升與客戶互動的看、問、聽、說、答這五種能力，不但業務更順利、贏得更多更好的人際關係，也有助於日後管理團隊、領導組織。

利他為先，業績訂單自然跟著來

想成功銷售產品，必須以有利於客戶為前提，絕不是從對自己有利出發。

所有產品的設計發想，不都是以滿足客戶需求、解決客戶問題、讓客戶的人生更美好為目標？有的業務員為了獲得最多利潤，心頭滿是算計，賣自己想賣的，而不是提供客戶最適合的，人情攻勢再加上強迫推銷，徒增客戶對銷售的負面觀感。

現今網路發達，交流頻繁，在訊息唾手可得的情況下，客戶早已不再像過去一無所知，成交購買之後，客戶很快就能察覺，銷售人當初的推薦是以客戶還是以自己為出發點。

頂尖銷售人的信念是滿足客戶，了解客戶需求後給予最適當建議，客戶不但開心買單，還在心中有你的一席之地。

銷售這一行的成功機率人人平等，只要抱持正確態度、正

向價值觀，不論出身背景學歷，不管年紀大小、人脈資源多寡、賣的是什麼商品，只要腳踏實地努力，念念不忘，必有迴響。

而讀者們一定很好奇，開場故事中大老闆的兒子，後來業績做得怎麼樣？這位年輕人頗有志氣，他告訴父親：「我不想要靠家裡，我想自己去試試。」在我的引薦之下，他從事汽車銷售已近兩年，表現得相當不錯，不久前還帶著父母親接受公司的海外表揚呢！

經常有人問我：「我想要賺錢，從事銷售好嗎？做銷售真的能賺到錢嗎？」

銷售做得好，確實能賺到錢，年薪百萬、千萬的頂尖銷售大有人在，但做正當的銷售，就別奢望買空賣空、獲取暴利一夜致富，即使眼下業績還不算很好，我敢保證從事銷售這一行，絕對是穩賺不賠：賺知識、賺技能、賺心態、賺經驗、賺歷練、賺視野、賺人脈——這七項只要賺到任何一項，一生就不可能賺不到財富，因此我常鼓勵大家：「抱著對銷售工作的正向認知，勇敢挑戰銷售行業，不但能快速豐富自己，還絕對能讓你立刻值錢！」

1-2　用老闆的格局思維做銷售

頂尖超業將銷售當事業，而不只是一份工作

　　我輔導超過五千個業務團隊，各團隊有著不同的文化氛圍，有個非常優秀的保險業務通訊處令我印象深刻，成員們對彼此的寒暄起手式是：「各位老闆好。」

　　「為什麼您的團隊夥伴會稱呼彼此老闆？」我好奇地問通訊處的副總。

　　副總娓娓道來自己的經歷，他曾經是銷售業的逃兵，剛入行時也犯了大多數銷售人會犯的錯，常抱怨公司資源不到位、主管每天開業績檢討會，久而久之累積一堆牢騷藉口。半年過後，他心想何必搞得這麼累，拚自己的事業總比幫別人打工好，於是成立了一間印刷公司，自己當起了老闆。

　　然而沒創業過，不會知道創業有多辛苦。

　　光是要開始接單做生意，機具設備的成本就燒了新台幣一百多萬元，每個月還有辦公室、內外勤員工的薪資開銷，合計起來將近二、三十萬元。創業不是投入資金就能等待獲利，副總

自言，他每天都在煩惱如何爭取業務訂單，如何與競爭對手比價廝殺，好不容易拿到一個案子，接著要再煩惱這個月的營業額有多少？能不能打平管銷？每天都是員工下班了，只剩他一個人在印刷行裡獨自發愁。

一連串惡夢持續了一年半，副總才驚覺，創業以來就只有「老闆」這頭銜變好聽，但論收入、自由、生活品質與身心健康程度，比當初在保險公司裡做得好的業務同事還不如。於是幾經掙扎後，他認賠新台幣七百萬元，結束自己創業的公司，回到之前離開的保險業重新開始。

「銷售提供的是一個最好的創業機會──只要用創業家的思維來經營銷售事業，成功勝率自然提升。」再次回到銷售崗位上，副總對銷售這份工作有了完全不同的體認：「希望夥伴們不要犯我以前的錯，於是用互稱老闆的方式，讓夥伴們能彼此提醒：每個人都是自己的老闆，每個人都在經營銷售事業。」

銷售維他命

你的思維格局，決定你在銷售的成就表現。

猶記年輕時，不管在學還是打工，聽到必須補課、補班就覺得很嘔，總是掛著一張臭臉，彷彿全世界都虧欠我。有一次，打工時的主管就開我玩笑：「我看你乾脆別來，請假去放風好

了。」會有這樣的心態，正因為我只是將它當成一份工作，難怪常心不甘、情不願。

反倒是從事銷售的這些年，完全變了個人，常常忙到忘了哪一天放假，還樂此不疲。為什麼會這樣？我和開場故事中的副總一樣，經歷了銷售人、創業者的階段，現在仍是自己公司的第一號銷售人，副總的心路歷程我感同身受。我的體悟是：「如果把銷售當成工作，保證那會是天底下最糟的工作；而如果把銷售當事業，它會是最棒的創業機會。」

這兩者間的差異就在於：你是怎麼看待銷售這份工作？只是當工作，還是將它當事業，成就結果肯定差很大。

老闆的格局：贏在自我規劃

適逢梅雨季節，一位主管煩惱地說：「這連續大雨不知道哪時候才會停？」

「為什麼要擔心？我最喜歡下雨天去拜訪客戶了。」我好奇地問對方：「下雨天，不正是拜訪客戶的好時機嗎？平常說沒空的客戶，下雨天同樣不想出門，這時就很可能有空，不是嗎？」

員工心態的銷售夥伴常抱著能早收工就別加班，能少辦活動就省點精力的想法；而老闆格局的銷售人不管颱風下雨還是酷暑，習慣規劃思考「還能做些什麼？」清楚知道自己「接下來該做什麼？」善於管理時間、規劃活動行程以及調整自身的

業務節奏。當你將銷售當事業，用老闆的格局思維看待，應該會覺得時間不夠用才是。

老闆的視野：不吝自我投資

我常聽到銷售夥伴說：「等我賺到錢，收入穩定了，我再去學這個、進修那個、參加什麼研習營……」

「賺到錢再談自我投資」的思考模式有陷阱，畢竟投資不會立竿見影，需要花心力持續、累積時間慢慢發酵。就好比不是今天報名了健身房，就會立刻長出六塊肌；今天加入了社團發展人脈，也要和社員真心交流搏感情，才能走到簽單成交。

老闆視野看的不只今天，而是明天、明年甚至十幾年後，所以他們不會將今天賺到的利潤全放進口袋，而會拿出一部分的錢投資未來。

老闆格局的銷售人，會將每個月賺的錢提撥一部分作為投資，投資在人脈經營，包含各式商會社團；投資在自我成長，培養專業以外的興趣；投資在專業技能，各式對銷售、專業有幫助的課程。老闆在想的不是「有錢再去做」，而是「值得就該去做」。

老闆的思維：不斷自我檢視

到了一間公司，怎麼分辨誰是老闆、誰是員工？有個玩笑話：「看哪個人提議要開會，那個人肯定就是老闆。」

　　雖說是玩笑話，但確實點出老闆與員工之間最大的差別──老闆開會的心態是為了盤點檢討，才能找對策、做修正，態度十分積極；而員工聽到開會，就聯想到又要被檢討、鐵定沒有好事，通常是消極以對。

　　我常聽到銷售夥伴抱怨：「每次開會就是檢討業績進度，檢討拜訪活動量，還要申報業績目標……煩不煩啊！」

　　「換個角度想，開會的目的，不就是要確保大家都賺得到錢嗎？身邊有個教練叮嚀，要感謝才是！」而我所見過的頂尖超業或是優秀團隊，不用等到開會，隨時在自我檢視，盤點自身進度，檢討還有哪些不足。

　　老闆與員工之間還有一個明顯的差別。若是問企業老闆，景氣不好、競爭又大、生意好做嗎？事業有成的老闆會說：「機會其實還是有的，只要我們提升實力，自然能增加競爭力……」相同的問題，員工心態則會說：「對啊，景氣不如以往、市場競爭又更大，老闆還要求做更多……」老闆尋求突破精益求精，而員工往往是牢騷抱怨加藉口。

　　因此，我常鼓勵銷售夥伴們：「想要業績亮眼，應該擁有自己就是老闆的思維，隨時多一點自我檢視，畢竟這是為自己在拚。」

　　「劍法易學，心法難學。」你是將銷售當餬口的差事？還是當事業？這正是頂尖超業與一般業務員的關鍵差別。

　　餬口的差事可以得過且過，但請捫心自問，這是你夢想中的生活方式嗎？

　　用工作的格局做銷售，通常都是被動等待客戶上門，不免愛比較，比獎金福利、比哪一項產品更好賣，難怪看不見熱情。

　　用創業的格局做銷售，自然表現出主動積極，還想盡辦法追求成長、深化市場經營，銷售熱力油然而生。所以想成為頂尖銷售，先將格局高度拉上來，把自己當老闆！

筆 記 欄

1-3　自律成就頂尖

先有自律，才能享受銷售工作的自由

　　我投入保險銷售之初，選擇了一間外商保險公司，一般人聽到外商，都會聯想到比較自由、人性化的管理模式，可是我所屬單位的處經理，卻是出了名的威權鐵腕作風。

　　舉個例子，業務單位每天上午九點都要開早會，處經理總是八點不到，就坐在辦公室了，經理都這麼早到公司，當下屬的哪敢遲到？

　　時間過了九點，處經理便把會議室的門關起來，不讓遲到的同仁進來，等早會開完後，再去詢問門外的部屬今天為什麼遲到，當然也有人心存僥倖：「乾脆就不來早會，不就好了？」但除非事先請假，否則不參加早會在我的部門可是大事，處經理一定會親自關心，一個月有幾次曠早會的紀錄，處經理便會直接下通牒：「你不懂得自律，不用再來了。」

　　銷售人員最重要的課題，就是提高活動量，若昨天的活動量沒達標，就等著隔天開完早會被處經理約談，而且他還要求每

位夥伴週週都要做出業績，這週業績掛蛋，就等著下星期一被約談，再下週還是沒業績，直屬主管會連坐一起被處經理關心。

處經理對單位主管的要求更是嚴格，各項指標都會逐一嚴格考核，就算業績做得再好，其中某幾項標準沒達標，一樣被約談。因為在他的眼中，主管應該成為表率。

處經理嚴格的作風，單位裡難道沒人反彈嗎？單位曾經有一位業績常常得到第一名的老鳥，就因為不服管理作風而被請走。

當年處經理的威權管理作風，可能不適用今日職場，但處經理堅持的理念是：「績效產能的表現全是來自於好的工作習慣，沒有好的工作習慣，業績再好也只是曇花一現，甚至會對團隊文化、士氣造成負面影響。」因此他不以業績定英雄，而是以工作習慣當指標。

處經理在公司集團內是出了名的紀律要求者，但多虧他的嚴格，能讓跟著他學習的銷售人都有所成就，整個團隊拿了好多次全國第一名，還創下公司紀錄，每個人出去走路都有風。許多人常好奇，二十出頭踏入保險銷售的我，怎麼做出全國第一的銷售成績？正是拜這位主管讓我建立良好的工作習慣所賜。

這位處經理是我人生中遇過最嚴格的主管，也多虧他一絲不苟的作風，讓我練就了銷售行業最難的基本功「自律」。

銷售維他命

> 先有自律才能擁有自由，養成習慣才能好運不斷。

要將銷售做好，確實有一定的難度，但並非取決於一個人是否有業務經驗、豐沛的人脈、信手拈來的專業知識，或者是銷售的話術技巧有多熟練，我認為最大的困難是面對自律的挑戰。

許多人一開始興致勃勃地挑戰銷售，因為這一行的工作時間自由，但弔詭的是，這也是許多人失敗的主要原因。而頂尖超業總能克服人性最大的弱點，每個小動作、小細節，都藏著不為人知的高度自律與自我要求。

所謂自由，絕非隨心所欲

我常出差到各地演講、為企業做教育訓練，經常會搭計程車或 Uber，有一回跟某位計程車司機聊天，我說：「開計程車不錯吧？挺自由的，不用趕上下班時間。」

「你不懂啦！大家早上趕上班、白天跑業務、下班忙約會，我們都要提前出來，在人多的時段、路段等載客，只要一錯過這幾個關鍵點，就算想努力也沒得努力……」運匠大哥嘰哩呱啦地描述開計程車的眉角，最後下了這樣的結論：「真要是為了自由來開計程車，我保證一定會餓死，在我們這一行想要賺到錢，最難的就是自律。」

運匠大哥一語道破，自由不等於隨心所欲。許多銷售夥伴扭曲了「工作自由」的定義，以為是看心情工作，於是「三天捕漁，兩天曬網」，難怪常常為收入、業績發愁。

就如同多年前開始蔚為風潮的「在家工作」，號稱能同時擁有自由、兼顧家庭、藉自己的專長接案賺收入，我的朋友熟人中，不乏辭去工作、離職當起 SOHO 族的，但不過一、二年，他們又陸陸續續回到職場找工作，大部分原因就是因為太自由，反而無所適從。

若有人說：「做銷售很自由。」一聽就知道是外行人，頂尖超業會認清銷售行業是「先有自律，才有自主分配時間的自由」。

有個嚴師，才能看見成效

每次我分享開場故事中處經理的作風，許多人會咋舌：「那樣的管理方式，誰受得了啊？」甚至有夥伴說：「換作是我，老早走人不幹了。」

若沒自律又不服紀律，恐怕做任何事業都很難成功。請回想一下自己的學生時期，哪一位老師對你的影響最深，讓你最尊敬？我們會記得的，通常不是對學生最寬鬆的老師，而是最嚴格的。在過往所有同事的心目中，那位處經理雖然一板一眼，卻以嚴明的紀律贏得所有人的尊敬，因為按照他的要求，幾乎每個人都享有榮譽及高收入。

俗話說：「名師出高徒。」我現在也為人師，我的深刻體會卻是「嚴師才能出高徒」。

每回我替各業務單位進行教育訓練，之後都會追蹤學員們的業績變化。當我提供豐富的課程內容，給足了銷售的方法和技巧，有的銷售夥伴就搖身一變，業績大躍進；有的卻只是長了見識，業績一樣沒進步，這是怎麼一回事？

聽完課就能有明顯進步的原因，正是因為所屬的團隊裡有人扮演「嚴師」的角色，要求並落實學以致用。

按表操課，自律就容易有

很多人都自知欠缺自律，為了彌補這項人性弱點，「紀律」孕育而生，但不少銷售夥伴會問：「雖然知道公司規定是為大家好，但紀律是死的，要怎麼培養出遵守紀律的毅力，然後變成自律呢？」

我的個人經驗就是「和尚敲鐘」，和尚每天「按表操課」，時間到起床出門，時辰到敲鐘禮佛，是時候就砍柴、挑水，沒有看心情才決定敲鐘要敲幾下的。

銷售領域常見到有人心情好時一頭熱地拚，看起來似乎很有決心，問題是當心情不好時呢？往往會聽到這樣的說詞：「今天沒什麼動力，想一想還是改天再去好了……」

做銷售，就該盡本分，先從養成每天的工作習慣開始，讓業務節奏能「按表操課」，當習慣上軌道、規律化了，自律的

能力就自然形成了。

銷售人員每天都在外面跑，這代表四周充滿各式打亂工作節奏的誘惑。曾有人說：「成功有一半靠運氣，另一半靠紀律。」在銷售領域闖天下，我認為紀律又比運氣更為重要，因為少了紀律，就很難遇到好運氣。

銷售人必須自律，自律不是一朝一夕養成，需要靠著自我提醒、主管督促、習慣養成，清楚知道每一天的銷售重點工作為何，督促自己做該做的事，才能確保自己是走在夢想的道路上。

筆記欄

1-4　戰勝挫折的情緒能量管理

面對銷售的高度挫折，能量別斷電

　　「你從事銷售工作時，一定面對許多拒絕而感到挫折，甚至有低潮吧？」有一回我接受商業雜誌的專訪，記者想要了解「銷售人員該如何面對高拒絕、高挫折？」，而這正是這一行流動性大最主要的原因。

　　我說：「當然啊，從事銷售業務，誰沒被拒絕、沒遇到挫折過？銷售拜訪時一天可以吃到六、七十個閉門羹，打一百通開發電話會有九十個客戶直接說不用，立刻就掛斷電話，真正能聊上幾句的屈指可數。」

　　記者問我：「每天面對這麼多的拒絕和挫折，你都沒有動過放棄的念頭嗎？」

　　「銷售人又不是鐵石心腸，初期常被客戶拒絕到懷疑自己、懷疑人生都很正常呢！」我告訴記者，多數人投入銷售領域，都懷抱著夢想或是對自己有所期許，每當我想放棄的時候，就會回想當初踏入銷售的初心，比較容易找到重新出發的勇氣。

記者點頭追問：「有勇氣再出發，但還是會遇到挫折，那該怎麼辦？」

有勇氣再出發只能代表我沒放棄，並不代表不會再遇到挫折。

從二十五年前，我踏入保險銷售工作的第一天開始，就不斷遇到客戶拒絕並感到挫折，去拜訪客戶的時候，對方的排斥與不信任溢於言表：「抱歉，我對保險沒興趣……」

當我從事電話行銷工作時，每通電話中客戶的第一句話幾乎都是：「不需要，謝謝……」

又例如十年前我創立顧問公司，也有許多客戶直接不客氣地說：「你們公司，我連聽都沒聽過。」

「當接二連三地遭遇拒絕與挫折，你是怎麼走過來的？」就是想方設法，找到突破層層關卡的方法，一是不斷請教，持續思索找到更好的回應方式；二是自我修復，學習情緒調適。

「哇，你都不用靠別人激勵嗎？」記者很驚訝我居然這麼有正能量，但我認為，這是一種情緒能量管理的能力。

「誰知道挫折什麼時候會來？不可能每次低潮身旁都有人幫忙，沒有人能一天二十四小時幫我打氣加油啊！」我說，銷售人要學著跟發電機一樣自我蓄電、自我發電，這樣信心能量才不會斷電！

人生最大的悲劇不是失敗，而是差一點就成功了。

　　不論是剛加入銷售領域的菜鳥，抑或是資深老鳥，有再多的專業知識、銷售技巧，挫折低潮同樣會發生在每個人身上。有些人能自我療癒、繼續前進；有些人禁不起風吹草動、隨時需要依靠別人取暖。為什麼有這樣心理素質的差別？關鍵就在於，頂尖銷售人擁有明確的自我動能，在逆境低潮時能正向轉念，在順勢高能量時能勇於挑戰。

　　運用以下三個方法，在面對銷售的挫折低潮時，讓你找回信心、重拾力量：

自我動能的關鍵：找到動力源

　　每位銷售夥伴會踏入銷售工作，往往都有一個理由。例如有一回，我為某大直銷公司進行銷售訓練，其中一位學員分享，他是六十幾歲退休後，才加入直銷事業。

　　「您為什麼退休之後想從事銷售工作？怎麼不在家裡享清福？」我好奇地問這位大哥：「從事這份工作，一定遇到不少挫折吧？」

　　「從事直銷，遇到的拒絕、挫折可多著呢！」這位大哥大方承認新事業並沒有一帆風順：「不過我當初會加入直銷，是不

想讓辛苦工作的兒子女兒為我操心，甚至造成他們的負擔……」

這位大哥的投入初心令在場許多年紀是他二分之一甚至三分之一的年輕人感到震撼，也正因為他的動力夠強大，在遇到各式人情冷暖，還能繼續鞭策自己、一路堅持下來；在遇到低潮時刻，他就回想初衷，明白自己為何而拚，這就是自我動力源的重要性。

曾有朋友開玩笑說，在銷售這樣高度挫折的行業裡面，能存活下來的「臉皮都要夠厚」。「厚臉皮」是早年一般人對銷售業務的刻板印象，似乎只有這樣解釋，才能理解為什麼好好一個人被客戶酸言酸語、不客氣地拒絕或是遭到白眼，依舊面不改色、打死不退地繼續對銷售的產品自我感覺良好。

但如果以一個人面對外界質疑的程度來看，創業家搞不好「臉皮更厚」！創業家自認擁有好點子和商業模式，不管親朋好友是否贊成，即使被嘲笑異想天開，仍然義無反顧，還會認真說明初心、傳遞理念、主動爭取機會、到處向人描繪自己的夢想藍圖……，而創業家的堅毅精神卻受到社會大眾的讚揚。

銷售人不正是需要創業家的這股自我動能嗎？在面對低潮挫折時，不斷地回想自己當初的投入初心，就能重拾動力來源。

你也能夠明確說出自己的銷售動力源是什麼嗎？

失敗低潮時，轉化思維尋找突破

銷售動力源能夠在遇到挫敗低潮時，作為堅持下去的強大

支撐，但不代表低潮挫敗就不再發生，因此要找到適當方法，才可能與低潮挫敗共舞。我剛開始從事銷售，每當失敗陷入低潮，總是習慣性地想著自己有許多不足與欠缺之處，「可能是因為我太年輕，所以客戶不信任我……」「就是因為我的專業技巧不足，才讓成交機會飛了……」連自己都感覺沒自信，這樣的想法更是讓低潮持續影響了好幾天。

我常提醒銷售夥伴，別老是看自己的不足之處，轉化思維尋找突破，就能發現每個不足之處都隱藏了正面力量。

當客戶說：「抱歉，我對保險沒興趣……」

我會將這句話想成：「正因為很少人會主動對保險有興趣，所以我才來拜訪您，交流想法……」

當客戶說：「你們公司，我連聽都沒聽過。」

我會說：「沒關係，至少這一趟拜訪，讓您可以認識我們公司。每一間百年企業，不都是從第一年開始的嗎？」

曾有位前輩說：「銷售最迷人之處在於，每一次挑戰都是新的契機。」這一句話是當頭棒喝，讓我意識到，複雜的並不是事情本身，而是人心將它想得複雜。從此我努力改變自己的思考方式，相信凡事一定有方法。每當遇到挫折，總會想：「我下次可以怎麼做？」「現在我還可以怎麼做？」學習從每個挫敗經驗的背後，找到正面意義以及值得改進之處，與其把心思放在低潮上，何不把精神力氣拿去想方法？就因為這種思維的轉變，開始上演許多逆轉勝。

藉由座右銘的力量，繼續向前

人會因為一句話而改變，所以我相信語言充滿力量。

我從小接觸教會，每個禮拜參加主日學，結束時，牧師會發給小孩一張聖經金句卡，背得好的人就有小禮物可以拿。當初不見得明白每段金句的意義，但這些金句都在不知不覺中影響了我。

面對客戶接二連三的拒絕，我總會想起這段經文：「我知道怎樣處卑賤，也知道怎樣處豐富；或飽足，或飢餓；或有餘，或缺乏，隨事隨在，我都得了祕訣。我靠著那加給我力量的，凡事都能做。」（腓立比書 4:12-13）

我將小時候背的這段金句寫在筆記本中，它成為我人生的座右銘。

有人說，銷售業務是很可怕的行業，怕拒絕、怕挫折、怕被笑、怕表現不好……，這些問題也存在其他的行業裡，為什麼到了銷售業務這一行就變得「特別可怕」？

「因為自卑，所以你會害怕，你害怕失敗，你害怕別人的眼光，你會覺得周圍的人全是抱著諷刺、打擊、侮辱的眼神在看你。因此你不敢去做，還用一個本來不應該拿來貶低自己的因素在貶低自己，而當你失去勇氣的時候，這個世界所有的門都關上了。」

這是新東方教育科技集團總裁俞敏洪接受訪談時說的一段

話，讓我深感人活著必須有信念——信念是遇到困難阻礙時可依循的原則，信念會引導人的選擇，決定了一個人如何行動。

回顧開場故事，我與雜誌記者相談甚歡，最後他說：「今天與君一席話，我覺得非常受用！請用一句話，總結成為頂尖超業的關鍵是什麼？」

「成功不是贏在起跑點，而是贏在過彎處。」我說。

我覺得銷售最大的悲劇，不是產品拚不過競爭對手，也未必是客戶被別人搶走。輸給別人頂多自嘆不如，回去繼續練功，最可惜的是輸在情緒，過不了挫折低潮、自我懷疑的這一關，結果與成功擦肩而過。

每個人都遇過障礙、跌倒、低潮、挫敗，誰能快速爬起復原，甚至在彎道超車，誰就能夠勝出。

頂尖超業通常沒有什麼自我激勵的大道理，只有明確的目標，知道自己為何而拚、夢想在那裡，憑著這股強大的動力源，沿途上的挫敗不至於變成阻礙。透過轉化思維尋求突破解方，避免重蹈覆轍，並且尋找更多的可能，從每個挫折中學習精進。時常寫下並分享自己的座右銘，「相信你所相信的」，讓它成為面對任何困難的信念準則。

1-5　銷售人的活動管理術

活動區分紅黃綠，聚焦產能、告別窮忙

　　一位年輕的銷售夥伴不但形象好、人緣佳，又相當有才華，他台風穩健，經常上台分享和擔任各式主持工作，還擅長攝影、做簡報 PPT，不論同事或是客戶都很喜歡他。我們是臉書好友，經常看他發文描述充實又精彩的一天，或是和朋友吃美食下午茶的打卡，偶爾還看他分享又幫助了哪些人、完成了哪些工作的成就感……。我常給他按讚，想像他在業績方面一定也是表現優異。

　　有一天他傳來訊息，想請教我關於時間管理的問題。

　　我們約在咖啡廳見面，我好奇地問他：「看你每天都過得很充實，怎麼會有時間管理的問題呢？」

　　「那只是表面看起來很精彩，事實上我很困擾，每天都感覺很忙，卻不知道到底做了些什麼……」

　　就像最近，他的公司將舉辦一場客戶聯誼活動，希望他擔任活動主持人，並設計互動遊戲。為了這場主持，他花了三天

準備主持稿與活動設計，忙到完全沒空拜訪客戶、開發市場。

我忍不住提醒他：「業務最重要的就是要有活動量，你該把時間多花在這上面。」

「我知道，可是每次預定好的計劃，常被一堆雜事搞亂。一會同事問我如何做簡報，一會客戶說希望幫忙攝影……」年輕夥伴訴苦，他不是沒有排行事曆，只是不好意思拒絕同事，於是硬著頭皮幫忙；而每當客戶需要協助時，他便心想說不定有談業務的機會，因此就答應了。這樣東奔西跑下來，到了月底才驚覺業績怎麼會這麼慘，他已經兩個月沒賺到錢了，連季度考核都還差一大截。

聽了年輕夥伴的狀況，我告訴他：「你的問題不在於時間管理，而是『活動管理』上出了大問題。」

銷售維他命

> 每個活動都要有含金量，才能告別瞎忙、窮忙。

「時間管理」和「活動管理」有什麼不同？

有些夥伴自從踏入銷售工作後，忙到忽略了家庭生活、個人的興趣及自我成長，與親朋好友疏遠，每天總是漫無目的地忙，這是時間管理有問題。

開場故事的年輕夥伴有許多長才，但他不知道如何區分活

動的重要性，並將時間投入到和產能直接相關的業務上，以至於老是窮忙，這就是活動管理出現問題。

　　每個人的時間、精力有限，每天卻要處理公司業務、客戶服務、各式大小瑣事，如何讓每個活動都有產能，同時將其他與產能無直接關係的事情也處理妥當？面對這個課題，銷售人該學習做好妥善配比，才能享受精彩銷售人生。

活動區隔，釐清關鍵任務

　　對大部分的銷售夥伴而言，最主要的收入來源是業績獎金。開發客戶來源、打電話邀約、銷售拜訪、擬出企劃提案、請客戶轉介紹新客戶……，這些活動都能帶來業績收入。實務上，銷售夥伴每天忙的事情不僅這些，還要進行客戶服務、行政事務、業務聯繫，花時間在人情來往與單位團隊的公眾事務。

　　要做好活動管理，必須先分辨清楚，哪些與業績產能有直接關係，而哪些不能占據太多寶貴的時間。

　　如何拿捏輕重緩急？我建議大家，將各式任務按照「紅黃綠燈」來做區別，並以燈號進行時間配置、檢視與管理。

紅黃綠燈管理，做好比重配置

　　按照與「業績產能」及「業務工作」關聯程度進行燈號分類：

燈號	定義	任務類型
綠燈	有益於且直接跟業績產能有關的任務、每天一定要做，必須排除萬難，在每天效率最高的黃金時間優先執行。	開發、邀約、拜訪、客戶提案、轉介延伸新客戶
黃燈	跟業績產能無關但跟業務工作有關，並不一定要優先做的任務。善用碎片時間處理，但絕不能占據大部分的時間。	行政事務、業務聯繫、人際經營維繫、單位團隊的公眾事務
紅燈	跟業務、產能都無關的事情。對於這類活動，敬而遠之才不會耗弱元氣跟精力。	陪同事聊八卦、工作時間處理其他事甚至摸魚

週行事曆檢視，善用顏色管理

想落實銷售的活動管理，就要善用週計劃表格，以週為單位檢視自己的時間比重配置，也為下一週安排行程，更能一目瞭然。

綠燈活動跟業績產能有直接關係，也是銷售人每天的工作重點，一定要占週行程的六成以上，同時透過「箱型時間」的管理，利用黃金時段專注做這些事情。

例如我的黃金時段是每天早上十點半到十二點半，以及下午的一點半到五點半，這兩個時段是我狀態最好、客戶也方便接受拜訪的時段。所以這段時間必須專注在綠燈活動上，除非必要，否則不可能用黃金時段去做其他活動事務。

黃燈活動大多是銷售人該完成的業務工作，可是要注意這

些「該做的事」常披著偽裝的外表，讓人誤以為是「該優先做的事」，而占據了最寶貴的黃金時段，因此請將它們控制在每週活動的三成以下，盡可能規劃在非黃金時段。

例如我會規劃在每天早會前、中午用餐休息，或是傍晚回到公司的時間，去處理業務相關的行政事務，也利用這些時段進行小組討論或是同事間的業務交流活動。

為了讓整個週行程表更醒目，可以透過不同顏色的螢光筆標示，如果使用的是電子版行事曆，就請善用套色工具。每當看到一週行程表的顏色配置比重，馬上能夠清楚知道還有哪些綠色活動區塊待補足，有哪些次要的活動可以安排到下一週處理。

若是沒有紅綠燈的指示，馬路上肯定大亂、交通大打結。同樣的道理，銷售人也該分辨、判斷每一件事的優先順序，妥善做好時間配比，才不會忙得像無頭蒼蠅。

俗語說：「時間用在哪裡，成就就在哪裡。」頂尖超業絕不會把自己搞得「忙茫盲」，不僅一事無成，還失去了有品質的銷售人生，也不會一心只追求業績，忽略了其他面向的經營。善用「紅黃綠燈」，規劃你的銷售活動，讓每一分努力都得到回報。

開發客源

開發客源，對許多銷售夥伴來說，是最大的痛。

這也正是為什麼銷售這份工作，高陣亡、低留存的原因。

你知道嗎？高達九十八％的離職原因，都是因為找不到客戶、開發不到新客源，因而黯然離去。

相反的，有一個問題令人感到好奇：為何那些頂尖超業總是有源源不絕的客戶？

頂尖超業，他們有足夠的認知：

擁有開發能力，才能穩住銷售事業；

不斷獲得新客源，才能夠業績長紅。

頂尖超業不是只在意成交多少業績，

更關注接下來的新客戶會在哪裡。

頂尖超業，他們有清晰的目標：

清楚地知道，能為客戶提供哪些服務？

誰會是理想的客戶？誰才是潛在的買主？

頂尖超業的客源開發，總是很有方向，

而不是漫無目標地亂槍打鳥。

頂尖超業，他們不放棄任何可能：

不以既有人脈資源為滿足，

還敢嘗試各種開發模式，找到開發客源的優勢路徑；

成功開發不是靠運氣，

更不能只憑一招半式，必須不斷提升開發技能。

過去的開發方式，

只要靠著膽、靠著勤就能闖出一片天。

開發成本日益增加的今日，

想在茫茫人海中找到潛在客戶，提升開發效益，要

有勇有謀。

「出發，總要有方向。」

當進行銷售開發，有了足夠的認知、清晰的目標、

多方的嘗試，就能找到明確方向，建立你的開發模式，

並穩穩地在銷售場上立足。

2-1　不是業績有壓力，而是開發有瓶頸

有夠多的客戶市場，業績自然不用愁

一位朋友是留美的 MBA，學歷相當亮眼，回國後一直擔任企業的內勤工作，有天他來找我商量，表示自己想要轉行做銷售業務，我好奇地問他：「業務工作挺不容易的，你怎麼有勇氣來挑戰呢？」

朋友表示，他計劃一年後要結婚，婚後預期會有購屋、子女出生帶來的經濟壓力，靠一份內勤的「死薪水」想買房，不知道要等到何年何月，而許多大企業的銷售業務招募文宣強打「百萬年薪不是夢」，於是他決定趁年輕好好闖蕩一回。聽到朋友懷抱如此雄心壯志，我當然要給他鼓勵、祝福，並且捧場成為他的第一位客戶。

三個星期之後，朋友親自將產品送來我家，我關心他新工作是否上手，卻看他愁容滿面地說：「好不適應做銷售！」

我安慰朋友說：「從內勤轉換到業務銷售，當然需要一陣子調適。」

　　朋友聽我這麼說，卻有更多苦水要吐，讓他壓力破表的是每天的例行會議，上司總會問他今天要去找哪些人、到哪些地方拜訪？還有哪些人可以拜訪？然後同事們輪番報告業績進度，如果進度不如預期就會受到關切，緊湊的工作步調讓他懷疑自己並不適合做這一行。

　　「銷售業務的職責，就是要為公司擴展市場，開發更多客源，開會時談業績、檢討進度都是很正常的啊！」

　　朋友說，這些他都知道，但最困擾的是，開發客戶沒那麼簡單，他常常踏出公司大門後，卻不知道可以去哪裡，好不容易擠出潛在客戶名單，見了客戶又自覺臉皮薄，不知道怎麼開口談拜訪。家人看他的新工作沒有起色，紛紛勸他還是乖乖地回去做內勤比較實在。

　　兩個月後的某一天，這位朋友來了通電話告訴我，他要回去當上班族。

　　我忍不住詢問，難道他忘了當初轉戰銷售領域的初衷？只聽朋友淡淡地說：「我不喜歡每天活在業績壓力下的感覺……」

銷售維他命

開發客源的能力，是銷售人的核心價值。

　　許多人投入銷售工作的理由，是羨慕銷售工作並非領死薪

水，還可享優渥的收入，於是許多人帶著理想抱負投身銷售領域，但高薪自然也伴隨著義務，想要多勞多得，就必須不斷開發市場。不少銷售挑戰者像我開場故事的朋友一樣，受不了銷售工作要承擔的業績壓力，沒過多久便打退堂鼓了。

明明業績越高、目標越高、達成率越高是好事，但為什麼大家老是覺得「業績壓力」是「銷售工作」的代名詞？

壓力的真相：開發客源的瓶頸

許多人像開場故事中這位朋友，一開始興致勃勃地踏入銷售工作，向親朋好友分享他的公司、產品有多好，然而一晃眼的光景便離職了，離職的說詞有百百種，但追根究柢就是「客源沒了」。

根據美國行銷協會統計，各行各業銷售人員離職的主要原因，高達九十八％是在開發客源上撞牆。這呼應了俗諺「巧婦難為無米之炊」，不少銷售夥伴眼前成交了一筆訂單，卻不知道下一筆訂單在哪，成交後竟比簽單前還更無所適從。

如果客源開發問題能徹底解決，那做越多業績、訂更高的目標應該會讓銷售人樂在其中；但若不能持續開發客源的話，不管主管指派多少的業績，或有再大的雄心壯志、再好的公司商品，都會覺得壓力很大。

因此我們應該先釐清觀念——銷售人的壓力來源不是表象的業績，而是在開發客源的環節遇到了瓶頸。

短線衝業績可能燃燒一時，有持續的開發思維才能在銷售領域做得長久，你必須擴大潛在客戶的基數，持續開發、隨時開發、源源不絕地開發。解開了客源市場的瓶頸口，業績自然就不會是壓力。

而開發客源、開發新市場，這正是銷售人的核心價值。

銷售常勝軍的秘訣：把開發當第一要務

有一次我去某間進口車廠做銷售輔導，得知這家公司的頂尖超業每年可以成交超過一百五十台新車。明明同事們都賣一樣的車，也沒有削價競爭的空間，為什麼他能爭取到這麼多客戶？

「哪有什麼特別秘訣，客戶開發的夠多，成交機會自然就高啊！」這名超業十分謙虛，但他的開發工作從不間斷，並沒有因為業績第一而有特權，和其他同事一樣要輪流在公司展示間值班，有客戶上門，他便主動上前迎賓；沒客戶上門，他就整理收集到的名片，逐一電話聯繫接觸，邀請他們來展示間坐坐，或是爭取去客戶公司拜訪的機會。

這位第一名的汽車超業清楚知道，不論從業資歷多深、業績多漂亮、產品再好、人脈再豐沛，既有名單上的客戶也不可能全與你成交，人脈再多也有用完的一天，所以他每天都在思考，哪裡還有開發新客戶的機會。

曾經有學員問我：「老師，您的業績表現已經很優秀了，為何還是不斷做新客戶開發？」

「因為我不希望給我的客戶購買壓力，所以我選擇給自己開發壓力。」我也請學員們思考，為什麼每當客戶說要考慮看看，銷售人員臉就跟著綠？原因在於，當我們沒有充足的客源時，就不能擁有從容的自由。

而回顧我輔導過的各產業銷售單位，不管行業屬性相差多遠，頂尖銷售員都有共同特質，就是他們總把開發客源當成第一要務，不只放在心上，並且隨時執行。

超業的共同特質：隨時隨地做開發

即使每天努力地做銷售開發，也不可能每一位客戶都理你。前面提到的汽車超業在拜訪客戶沒著落時，他就會再去別的地方開發，例如展示間隔壁的保養場，和做定期檢查保養的車主交換名片。

我好奇地問他：「來保養場的車主都已經買了車，等於都有人服務了，經營他們有用嗎？」

「那可不見得，開我們品牌的車，就算車主剛買不久，也不見得都有人服務，他們的業務員有可能疏於經營，我上前遞張名片，讓他們有需要的時候，可以想到我。」進口車超業進一步分享，來保養的車主短期內不見得有新的購買需求，但是可以透過他們獲得轉介延伸的機會：「還有，來保養的不見得是車主本人，常常是大老闆的司機，藉由跟司機的互動，還能了解他們公司的產業、規模和近況，我還因此爭取到拜訪公司

主管的機會呢！」

我聽了由衷佩服，這位汽車超業不愧是第一名，他在開發客戶上遠比太多同業細心、用心而且努力。過去我做保險銷售時也跟這位超業一樣，會定期做外部展示活動，跟大量潛在客戶交換名片，留下好印象後，再繼續追蹤經營。

多年來，我觀察每一年公司業績表揚大會上的優秀得獎者，有人能成為銷售的常勝軍，每年都上台領獎，就像恆星一樣閃亮；也有人只是風光一兩年便消聲匿跡，得獎是靠偶然簽了大單，榮耀就像流星劃過，而更多數的銷售夥伴從事銷售多年，績效卻總是載浮載沉，甚至不見起色，便黯然離開業務崗位。

想讓業績持續亮眼，客戶開發就不是單一事件，而是每一天、隨時隨地要做的事情；客戶開發也不分新手或是資深，更不論名片上頭銜的大小，都要心心念念想著並且不斷地進行。

我始終認為，銷售這份工作是天底下最公平的行業。它不論你的出身背景、學經歷如何，也不論你有多少從業經驗，同業同行的商品基本上都大同小異，沒有哪個品牌就一定吃香，老鳥與菜鳥面對的挑戰都是相同的──客戶在哪裡？

開發客戶是銷售人的天職，想要成為頂尖超業就得把開發客源當成第一要務，隨時隨地做開發。畢竟銷售不能只看眼前的成交數字，而是追求持續不斷地進步，強化開發認知，並想方設法做開發，才是成為銷售常勝軍的秘訣。

2-2 銷售開發，要有勇有謀

確立明確方向，別以為每個人都是你的菜

　　我剛開始從事保險銷售工作時，第一個棘手問題就是「不知道客戶在哪裡」。

　　主管很有信心地宣告：「你放心，保險的市場很大的！只要是人，就是我們的潛在客戶，不論男女老少，每個人都需要我們的產品。只要你肯走出去，每個人都代表著成交的機會。」

　　主管的這段話挺有道理，而我也天真地以為每個人都是我的客戶。於是我每天努力勤奮地陌生開發、拜訪，尋找願意跟我聊的人，雖然有幾個人願意跟我聊天，但要能聊得投機、談到重點的，真的十分有限。一連幾個月之後，四處奔波的體力辛勞加上受挫的精神打擊，我開始認為開發客戶只能憑運氣，而自己的運氣背到不可思議，成交完全遙不可及。

　　某一天，一位看不下去的銷售前輩問我：「你努力做市場開發一段時間了，能感覺到什麼樣的人是你的『理想客戶』嗎？」

　　這個問題把我問傻了，我只能說出一些抽象的形容詞：「我

心目中的理想客戶有付費能力，也認同保險的理念⋯⋯」

　　「當你不知道什麼樣的人是你的理想客戶，就不容易找到成功機率高的客戶。」這位前輩直指問題的核心並告訴我，如果一個人要創業開店當老闆，就必須先找出什麼樣的客群是會來店消費的理想客戶，而不該天真地以為，走過路過的人都會進來消費。

　　前輩的提點，讓我開始認真思索：「誰是我的理想客戶？」

　　於是我逐步建構了目標客戶的思維系統，並且深刻體認到──能夠清楚說出什麼樣的客戶是我的目標市場，開發客戶才不會窮煩惱。

銷售維他命

> **頂尖超業明確知道自己理想客戶的樣貌。**

　　我絕對認同「有人就有市場」，每個人都是潛在客戶，但人人有機會、個個沒把握，不見得每個客戶都會是你的菜，有心卻不得法的結果，往往事倍功半，要讓銷售開發更有效益，絕對不能靠著大海撈針。

　　各行業裡的頂尖超業在進行銷售開發時，之所以能夠有很好的成效，關鍵在於他們能具體、明確地說出理想客戶的樣貌，甚至能更進一步描繪客戶的輪廓，例如：年齡、背景、產業等等。

避免耗費氣力，減少錯誤期待

必須注意的是，理想客戶絕不是指我們自己「想」或「期待」經營的特定社會階級客戶，這往往會造成眼高手低，看得到卻吃不到的情況。

過去我在銷售開發的過程中，幾次能拜訪到大老闆，小業務遇到大老闆，總是特別開心，不免想像大老闆家世背景如此雄厚，經濟付費能力自然完全沒問題，我只要好好經營他、簽到他的單，我就不得了了，未來飛黃騰達指日可待……。抱著這樣的期待，我總在交換到名片後，熱切地打電話跟進追蹤，藉機順道過去拜訪，但仍不得其門而入，最後十之八九是不了了之收場，到底出了什麼問題？

這樣的場景，相信許多銷售夥伴都不陌生，後來我才了解，這是「錯誤的期待」所導致。

小業務滿腦子想拿下大人物的訂單，那只是單方面的一廂情願。請換位思考一下，如果你是事業有成的大老闆，很多該買的商品、該做的規劃都已經完備了，想與你見上一面的銷售人員在門外排成人龍，閱歷深、人脈廣的你，就算欣賞這小業務員年輕有幹勁，也會擔心幫忙了這廂的業績，會不會得罪了那廂的熟人？是不是該有點戒心？

倘若大老闆真的給了見上一面的機會，小業務員知道要跟他談什麼，什麼服務是他需要的嗎？我想，很多新手業務都回

答不出來，所以我總是提醒剛起步的銷售同仁，別成天幻想小蝦米能夠吃到大鯨魚，把開發與經營的力氣放錯地方！

自身現況盤點，提升開發效益

減少錯誤期待，並不是認為小業務絕對做不了大人物的生意，而是強調開發客戶時該有階段性的認知，先衡量過自身的情況、條件之後，找到目前「門當戶對」的客戶族群做銷售開發，才能大幅提高成功率。

這個動作就是「自我現況盤點」，想一想：

● 你能輕鬆地跟哪些類型的客戶親近互動？

● 你容易跟哪些類型的客戶有共鳴？

● 現階段你的銷售主力市場瞄準哪些人？

● 你能夠解決這群客戶的哪些痛點和問題？

經由盤點現況，若能精準回答這幾個問題，表示你已經找到自己的銷售立足點，起步就容易許多，而不會成天幻想「到處都是機會」。

每個人的精力與時間有限，銷售夥伴必須學會思考判斷，哪個族群更值得你努力，才能見到有成效的市場經營。找到了初期的立足點，穩紮穩打，再透過自我提升，同時也提升經營客戶的層次，這樣才是循序漸進之道，築夢踏實地邁向成功。

開發方向明確，就有優先順序

以前我常聽到銷售前輩說，銷售要做得好，就要不斷自我提升與進修，於是剛踏入銷售領域的我，很認真積極地參與公司外部的課程，其中許多課程為服務高端客戶而設計，收費都不便宜，甚至可說是十分昂貴。

讓我最印象深刻的是，有一次參加了一期資產規劃的課程，一共要上半年，學費將近新台幣二十萬元。我想方設法省吃儉用，湊錢付清了學費，心裡一直有份期盼：「等我學會資產規劃之後，就有機會開發到高資產人士，協助他們做配置了！」

然而沒多久，一位同事不經意地問我：「Herbert 呀，你年紀輕輕就上這麼專業的課程，是有這樣的客戶群需要你服務嗎？」

乍聽同事這麼說，我還覺得被酸，滿心不是滋味，但是後來仔細思考，這番話真的是當頭棒喝！我投入大量的時間、金錢，學習高資產的規劃、配置，但問題是我周遭根本沒有需要這類服務的客戶，甚至在我從事銷售工作的前五年，都沒有因為我具備資產規劃、配置技能而成交任何客戶。

所有的學習都必須付出時間、金錢、精力，我們難道能忽略這些機會成本嗎？

因此，銷售夥伴必須擬定出方向明確的銷售藍圖，這樣才能在眾多需要學習的專業課程當中，排出輕重緩急的順序。

　　有一回，我看到談話性節目訪問當時仍健在的知名作家李敖，主持人拋出犀利的提問：「社會上對你的評價兩極，你如何看待？」李敖是這樣回應的：「我很清楚，不可能讓每個人都喜歡我。討厭我的人，我再怎麼做也改變不了他們，我只能讓喜歡我的人繼續喜歡我。」

　　聽到這段話，我聯想到現實的銷售場景，不論你做人多成功、產品多出色，也不可能讓每個人買單。當銷售人員明確知道自己的理想客戶是什麼樣貌，就能清楚知道該往哪裡去開發市場，這樣的開發策略才是「有勇有謀」。

　　所以在我晉升為業務主管後，每次有新進的業務夥伴加入，我總會問對方：「你有想過你的客群在哪裡嗎？」藉此提醒夥伴思考，及早找到自己的理想客戶。

筆 記 欄

2-3 找到市場，別再亂槍打鳥

經營目標市場，讓銷售開發有效益

我帶領過不少當初不被看好，後來績效卻讓人刮目相看的銷售夥伴。

一位文靜的女性夥伴在從事銷售之前，擔任一般企業的內勤會計，當她決定轉換跑道時，周遭親友都有疑慮，過去同事也認為她內向的性格，恐怕熬不過半年。沒想到才一年的時間，亮眼的業績讓她成為公司的新人王，令人十分訝異她是怎麼辦到的。

當她上台領獎、接受表揚時，她謙虛地說：「我的個性內向，認識的人不多，因此我聚焦在經營過去職場的人脈圈。」

這位銷售夥伴只經營三種市場：

一是過往任職的辦公室職場。許多公司職場都有封閉性，一般業務夥伴再有企圖心，也不一定能得其門而入。她憑著過去在產業的經歷，比誰都熟門熟路，很容易進入公司拜訪，甚至還藉由過去同事與同行的引薦，拜訪到更多同性質的職團。

　　二是經營會計人員協會。因為會計的專業背景，她熟悉這個圈子中各式鮮為人知的組織或協會，也是其中的一名成員，定期參與聚會、聯誼或講座。這類組織或協會，若不是其中的一份子，往往很難打得進去，而光靠經營相關的會員市場，就讓她有足夠的拜訪對象。

　　三是經營老闆娘市場。身為公司會計就等於是老闆的「大掌櫃」，過去任職公司的老闆娘很信任這位夥伴的辦事能力以及負責任的態度，還擔心她從事銷售待不久、賺不到錢，於是第一個捧場購買產品，不但如此，老闆娘更介紹了幾個老闆級的大客戶給她……。

　　許多人感到好奇，個性不夠活潑、朋友也沒有很多的銷售人如何生存，又怎能有亮眼的表現？其實只要好好經營銷售的「目標市場」，成功都是有跡可尋的。

銷售維他命

> 比起亂槍打鳥，經營目標市場更能提升效益。

　　回想進入保險業的早期階段，曾有一位主管業績非常好，凡是公司的業績競賽，她都能贏得第一名。我們一個月只能見上她一面，因為她非常忙，都在外面做客戶開發。

　　這位主管雖然沒有手把手帶人，但她用身教示範，她的勤

跑拜訪是很有策略的，尤其是專注經營自己的目標市場──擁有高收入、高社會地位的醫師族群。

為什麼這位主管能夠打入醫界？理由很簡單，因為她的丈夫是診所開業醫師，對於開業醫師的酸甜苦辣、執業面臨的壓力、醫界對衛生福利政策的看法，她通通瞭如指掌，在這樣的天時地利人和之下，一口氣讓同性質的開業醫師都簽下她主推的險種和保單。即使我和主管一樣，投入非常多時間去開發客戶，她的業績硬生生就是我的數十倍甚至數百倍。

當時受到這個啟發，我開始思考，茫茫人海當中，我能不能依樣畫葫蘆，去找一個屬於我的目標市場呢？

如果你也在尋找自己的目標市場，建議可以往三個方向思考：

從共同背景市場經營

銷售開發若能從共同背景出發，絕對有一定的成功率。想當年我是剛踏入社會的新鮮人，年輕人對未來懷抱憧憬，想要快點累積第一桶金、實現買車買房的夢想……，這種心情我完全懂，基於這樣的背景，跟有相似想法的人聊個三兩句，就會有一種「我們是同一掛」的感覺。

如果你是家庭主婦，我相信你跟同是媽媽的客戶族群，也一定很快能聊得起勁，不論談柴米油鹽、育兒教養，甚至聊起家家那本難唸的經時，彼此會有一種氣味相投的感覺。

　　我認識一位房仲夥伴，他成交機率最高的目標市場是「首購族」客群，因為他也曾經是個首購族，買房本來是件可喜可賀的事，但他首購的經驗宛如一場夢魘。當時他的親友少有買房的經驗，他為了快點圓夢，一頭熱地栽進去。想不到一下子是房子物件有問題，一下子又是前屋主產權有糾紛，他人生第一次買房就踩遍各種地雷，搞得烏煙瘴氣，完全沒有想像中的喜悅，只有滿肚子牢騷。

　　於是這位房仲夥伴遇到首購族的客戶，就掏心掏肺地分享自身慘痛遭遇，客戶聽完他的親身經歷後，理解到購屋有好多魔鬼藏在細節裡。憑藉著對首購族的感同身受，讓他在經營這個目標市場快速地贏得客戶的信任，甚至許多客戶人生第一間房都指名找他服務。

從聊得來的市場經營

　　銷售工作若能夠結合興趣，一定可以樂在其中。同樣的道理，開發若能從有共同興趣的目標市場出發，不只自在、有樂趣，更容易得到好成效。

　　過去我的興趣是看棒球賽，每次來到棒球場上，跟著同樣是球迷的陌生人一起為球隊加油吶喊，煩惱瞬間就拋到九霄雲外，憑著棒球的共同語言，球迷之間很快就有一種志同道合的感覺。

　　因此我參與了球迷朋友間自願性的志工服務，雖然不同年

齡、不同工作領域，但因為有「棒球」這個共同的話題，漸漸也會關心彼此身處的行業、生活近況，很自然地認識許多新朋友。

還曾經有段時間，我有幾個客戶都熱愛釣魚，我不懂釣魚，但很好奇到底有什麼樂趣？於是我請教這群釣友，他們一聊到自己最感興趣的事，當然是眉飛色舞、滔滔不絕，我不但學到許多「釣魚經」，也因為彼此越聊越投機，有機會結伴同行釣魚、結識更多釣友，甚至由此經營到各大、小釣具行老闆的客群。

找特定市場經營

銷售開發不是一天兩天的事，而要長久持續進行。除了從有共同背景、興趣話題的市場開始經營之外，為了日後擴展或提升目標市場，應及早設定特定的目標市場投入經營。

至於我，是如何發想出第一個屬於自己的特定目標市場呢？

我高職工科畢業，專長是工業配電，也在製造業實習過兩年，製造業勞工朋友所擔心、在意的問題是什麼，我都能想像並感同身受。於是進入銷售這一行不久後，我每個星期會撥出一個下午的時間，到高雄楠梓加工區拜訪，在各製造業的工廠進行開發，短短兩個月的時間內，就得到許多客戶成交購買的業績回報。

而平常外出開發銷售時，我常有機會經過各式店家，心裡總想：如果有一天能經營到店家老闆族群的市場，業績一定能大大提升。但我沒有開店的經驗，身邊也還不認識這樣的朋友，

想經營這個市場總不得其門而入。於是我開始思考,要如何接觸店家老闆?為了搞懂這群經營者所在意的事情以及經營生態,只要有機會拜訪,我就向店家老闆一個一個請教,不以簽單為目的,而是想要進一步了解。經過半年的時間,我逐漸能夠跟他們對上話,聊起他們關心的事,甚至談到他們的痛點。就在投入經營大約九個月後,我終於成交到店家老闆這個特定的目標市場,先前的努力開花結果。

在棒球、籃球、足球等諸多球類比賽中,都有主客場制。當比賽在主場進行時,球員們常在自家場地訓練,對環境最為熟悉,當然勝率比較高。銷售開發也是同樣的道理,有了「目標市場經營的思維」,等於找到主場優勢,開發就能如魚得水。

經營目標族群時,基於共同的語言、共同關心的話題以及需求,不會亂槍打鳥,不僅能提升開發效益,更能從中快速累積成功經驗,讓成功不斷複製成功。

筆 記 欄

2-4　緣故經營，快速站穩腳步

擺脫想太多、沒想通，別荒廢了你的緣故市場

　　從我過去擔任業務主管，一直到我成為訓練講師的這幾年裡，多少都會遇到一些業務新人私下跟我說：「老師，我想要做銷售，但是我不想要從親戚朋友開始。」我總反問他們：「為什麼會這麼說？」

　　新人表面上委婉地回答：「我不想要靠親戚朋友。」有時也有比較漂亮的說法：「我想要等成績做出來了，再去經營緣故市場。」

　　遇到這些理由，我會追問：「如果你覺得自家的產品夠好，也真心認同產品，為什麼會刻意避開親友，不從他們開始分享與經營呢？」

　　幾番來回後，追根究柢這些夥伴的真實心態是：「向親戚朋友推銷，我覺得非常尷尬，所以不想從自己的緣故市場開始經營。」

　　為了打破這些銷售夥伴的心障，我總會請他們思考，如果

換個場景,我們從事的不是銷售工作,而是開了一間餐館、咖啡廳,滿心期望生意好,不能辜負多年存錢的苦心,以及支持我們、投資生意的股東們,所以正式營業之後,第一步會怎麼做呢?

即使只是假想開了餐廳、咖啡廳,銷售新人也會眉飛色舞地發想,要在店門口掛紅布條和告示、在鄰里間發傳單或折價券、通知附近所有街坊鄰居:「我們幾月幾號開幕,好厝邊來消費享有優惠折扣!」除此之外,網路時代要廣發宣傳、為新店成立粉絲團,甚至打電話通知遠房親戚,哪怕他們住再遠,都要告訴他們:「我在什麼地方開了店,你們有空經過附近,一定要來我們這邊嚐嚐!」

新店宣傳的發想源源不絕,但我會就此打住,趕緊提醒說:「做生意你會昭告天下,先找親戚朋友來品嚐以快速建立信心,為什麼做銷售,你就不願意?好像做了見不得人的事呢?」

銷售維他命

緣故市場的支持與回饋,讓你的銷售之路走得更有底氣。

銷售從既有的人際關係著手,這就叫做「緣故市場開發經營」。在緣故市場開發經營之所以會卡關,很大一部分都是心態上陷入「想太多」跟「沒想通」。

當銷售夥伴「想太多」，就會把「緣故」跟「銷售」兩個關鍵詞連接起來，產生了很多負面的聯想，預測朋友一定會討厭自己，甚至怕遭到既有人際圈的排擠，卻忘了重要的一點，如果產品夠好，能夠帶來幫助，難道不應該讓親朋好友得到第一手消息嗎？有人認為跟朋友做銷售很難為情，但是這樣畫地自限，其實是讓親友錯失知道好消息的機會。

「沒想通」的銷售夥伴，是因為還沒代謝掉對銷售的負面印象，一談到經營緣故市場，就落入對親友死纏爛打、強人所難，或是尊嚴盡失地苦苦哀求對方購買的迷思中，卻忽略了「好東西跟好朋友分享」的目的。而且我們不是只為了成交，更希望從親戚朋友的肯定與認同中，快速建立銷售的信心來源。

所以為什麼銷售都該從親友開始？不是因為公司缺這些業績，而是透過緣故市場當事業的起步，增加銷售事業的成功機會。

彼此信任，銷售新手好起步

銷售，最困難的是建立信任感。親朋好友之間本來就有信任關係，再加上彼此的共通語言，因此親友比較願意給你機會，這也是緣故市場最可貴之處。

因為原本就熟識，我們了解親友的處境現況，親友也知道我們的為人。雖然不見得有購買興趣，但是通常會願意給你機會。也由於我們對親友的認識足夠，因此不是從零開始，而能

提供對方最適切的建議。

我在剛從事銷售的菜鳥時期，第一個練習對象就是我弟弟，然後是我的高中同學。我簡單扼要並且誠懇地對他們說：「我剛踏入銷售，過去也沒經驗，很擔心被客戶硬生生地拒絕，因此我需要累積經驗，你們讓我練習好不好？」

因為是親兄弟、老同學、老朋友，他們願意給我機會。即使後來沒有成交、熟人沒變成客戶，只要拿捏好分寸，原本的好關係一樣能維持，所以親朋好友不但是新手最好的練習對象，還能幫助我們在銷售事業上贏在起跑點。

關心期待，讓你收到真實回饋

因為與親朋好友間的信任度夠，在練習銷售的過程中，能得到有別於陌生人的回饋。陌生客戶不可能把心裡的話告訴你，也很難有 NG 再重來的機會，銷售新手只要表現不好，陌生客戶什麼都不講、轉頭離開就失聯了，新手往往連自己踩到什麼地雷都不知道。

親朋好友期待我們成長、希望我們做得更好，所以會願意回饋真實的感受與想法，不論是對產品的接受度，還是對我們的表現，即使收到：「你們家的東西比起競爭品牌……」這樣的回饋，不也是親友在努力為我們做市場調查嗎？這不正是我們接下來修正的最佳依據？比起一開始就投入陌生市場摸著石子過河，這樣更有機會成功。

熟人理解，成為日後「眼線」

因為彼此熟識，親朋好友更願意助我們一臂之力。

試想我們的親戚、朋友都不知道我們在從事銷售，連我們銷售的產品、服務是什麼都不知道，他們即使有心想幫忙一把，恐怕也無從幫起。

所以每當公司推出一項產品、新增了某個服務，我總是第一時間讓親朋好友知道，未來有機會的時候，他們就成為業務開發的「眼線」，也多虧這個習慣，我經常會接到朋友延伸介紹來的新機會。從緣故熟識開始，而最終目標是藉由緣故熟識開發延伸。

別踩雷，緣故市場經營不得輕忽

好東西先報給好朋友知，在社會上行走要靠朋友多多關照，這本來就是人之常情。但我也確實看過一些失敗的例子，不但生意沒做成，還斷送了朋友間的友誼。

問題在於很多人有種錯誤心態，自認都是鐵哥們，仗著好朋友的交情，於是跳過許多該做的步驟，簡化了該建立的共識，或是沒有仔細說明，這些工作明明對陌生的客戶就做得很扎實，對自己的朋友卻誤以為可以精簡。

有些人喜歡套交情，甚至「盧」朋友說：「你簽名就對了！這份合約對你只有好處，沒有壞處，我絕對不會害你的……」

然而，到了後續交易階段，糾紛一一浮現，先前說得太滿的話全都禁不起檢驗。所以請千萬切記，不要因為是親朋好友就省略該做的步驟，而埋下日後交情生變的禍種。

別再用「向親戚朋友談銷售會尷尬」當藉口，銷售新人一開始可能「近鄉情怯」，這時更該檢視從事銷售的初衷，拿出真誠的心，先不求親朋好友賣自己人情，立刻成交眼前這筆業績，反而要感恩你們的人生路上有交集，才多了這次登門的機會。

頂尖銷售人的信念是：「感謝過去以來的情誼，才有今天的信任。」而經營緣故市場的關鍵是：因為過去累積的信任有了這次向親友介紹的機會，所以我們要更加珍惜把握，而不是強迫親友一定要與我們成交。

學會讓既有人脈看見你不同的價值，當他們有需要時，就會第一個想到你。

筆 記 欄

2-5　陌生開發，是最好的磨刀石

碰釘子也是一種練功，從鍛鍊中培養銷售實力

「老師，我害怕做陌生開發……」在我的銷售課上，學員經常會提到這點，並且不忘補充陌生開發遇到的種種困難：「我之前拿著陌生客戶的名單進行開發拜訪，原本一切都計劃好了，自我介紹也練習了好幾遍，可是到了客戶公司大門口，看到外面掛了牌子，上面四個大字寫著『謝絕推銷』！」

「那你心裡有沒有暗自慶幸──太好了！這家公司謝絕推銷耶，就不用進去了，別打擾人家吧！」學員們聽我這麼說總是笑成一團。

另一個開發場景：「在路上做問卷訪查時，瞧見路人行色匆匆，本來一股作氣要上前打個招呼的，瞬間默默縮回來，心想：『他正在趕路，一定不會搭理我，更不可能花時間填問卷。』於是少碰一個釘子，結果在路口站了一上午，竟然沒有和半個人講到話！」這些陌生開發的場景，我跟所有銷售夥伴一樣都遇過。

越是害怕越學不會，有句話說得好：「你害怕的事情會一直不斷重複上演，直到你學會為止。」

如果每天都覺得自己忙得團團轉，卻始終沒看到進步和成果，那就是在自欺欺人。換個角度思考，陌生客戶不會跟我購買，本來就是意料中的事，何不把他們當作最好的磨刀石呢？當年剛投入銷售工作的我，就因為這樣的心態轉換，而有勇氣嘗試本來不敢敲的門。

所以每次聽到銷售新手抱怨：「我不知道去哪裡開發客戶！」

我會直接回答：「那你可以去路上做陌生開發。」

「這不是等於去路上碰釘子嗎？」新人再問。

「沒錯，釘子碰多了，有一天就不怕釘子了。」

踏入銷售領域，唯有從鍛鍊中培養出銷售手感，才會有跳躍性的進步，想要快速累積經驗，就大膽去碰釘子吧！

銷售維他命

練膽量、練口條、練反應、練自信，陌生市場是最好的磨刀石。

我身為銷售過來人，新人對陌生開發的期待與恐懼，我完全理解。剛開始嘗試陌生開發時，我常滿腦子自導自演各種內心

戲，自己嚇自己的結果，就是一天的血汗又白流了。即使陌生開發吃力不討好，也必須承認陌生市場是磨練技術最好的環境，能從五個方面磨練銷售實力。

磨練一：全方位實戰

要開口與人談銷售時，膽量、口條、反應、自信缺一不可，這些能耐，多少人是踏入銷售領域的第一天就渾然天成？既然你我都不是這樣的天才，那更需要鍛鍊。

陌生人反應直接、不隱藏他們的反感與猜疑，因此要讓對方願意駐足聽你談銷售，必須非常簡單、明快又精準到位。大量累積陌生開發的經驗後，必然能讓你的解說更流暢、舉的例子更豐富、銷售的技術更純熟。

磨練二：增加經驗值

在陌生市場你能收集到大量釘子，一開始當然很沮喪，但轉念一想，向人開口後，頂多就是「沒成交」，被一個陌生人拒絕，並不是特別意料外的事，關鍵是有開口有機會，沒開口就完全沒機會。在客戶總是說 YES 的情況下，不可能提升技巧，這次表現不好，無須過度氣餒，重點是累積失敗經驗，並試著回想：「下一次我可以怎麼樣應對？怎樣能做得更好？」讓每次經驗都成為自己的活教材。

磨練三：掌握市場不脫節

銷售人最大的危機是什麼？就是跟市場脫節。有句話說：「當你離開了市場，代表你即將陣亡。」在市場上除了可以知道客戶真實的心聲、銷售的最新動態、同業第一手的情報之外，更是讓自己保持手感的地方。

為了不讓自己跟市場脫節，在當上業務主管之後，我仍堅持每個星期陪同業務夥伴們走到市場，一同接觸陌生人群。一來增加夥伴們的信心跟底氣，二來讓他們知道我跟他們站在同一陣線，更關鍵的是，主管跟夥伴們一同到市場，也能贏得銷售夥伴的尊敬，因為他們知道你懂市場。

磨練四：選對場域，開發效益高

許多人認為陌生開發挫敗感高、成交率低，但事實上我所輔導的許多大型公司與團隊主管，仍堅持銷售人員一定要經歷陌生開發的洗禮鍛鍊。

想要提升陌生開發的成效，甚至是簽單成交率，除了落實行動方案之外，開發經營的策略規劃也要更加細膩。

其中，選定陌生開發的場域就是個學問。這次陌生開發的目的，是為了要大量宣傳？還是希望跟客戶互動交流？

過去我銷售過保險，一般人不會主動對保險有興趣，所以我沿路發傳單文宣意義也不大，但我希望藉由陌生開發了解客戶

對保險的觀念、看法，最好能跟客戶簡單互動。基於這些考量，我當然不會選擇人來人往、腳步匆忙的東區街頭，因為路人不是趕上下班，就是趕著和朋友約會，沒幾個人願意停下腳步跟你聊。既然我不希望白流血汗，就要思考判斷，哪些地方更適合跟客戶自在地聊天？

於是我利用週末下午到公園、文化中心做陌生開發，因為這個時段是大多數人的家庭日，小孩子在草皮上玩耍，家長們在樹下躲太陽，沒人交談又挺無聊，常常沒隔幾分鐘就問孩子：「玩夠了沒？要回家了嗎？」

這個空檔，不正是適合互動的機會嗎？當我改變了陌生開發的場域之後，成效明顯提升，不但跟客戶對話交流的機會變多，交談的品質也更好，從陌生開發得到的回饋開始出現，一個接著一個成交。

磨練五：換位思考，銷售更寬廣

雖然陌生人願意跟你聊，但可別期待一次就成交！儘管陌生客戶對我們有了正面印象，但距離信任購買，還是有段距離。

我的意思並不是一次成交不可能，而是要考量商品、服務屬性。除非銷售的是很尋常、消費者可以直接理解，經濟上也不需要考慮太多的東西，例如消費者不會問街賣者：「買了這牌子的口香糖會不會影響我的健康？」

但若是房地產、保險、基金、金融理財商品，或是某些健

康產品、語言或健身課程，就不要有一次成交的預設。就算能和客戶有問有答、互動熱烈，一次就成交的機率畢竟只是少數。

與其強求，還不如調整陌生開發的目的，例如修正為「每趟出門能大量贏得好印象的名單」，爭取更多日後跟進追蹤的機會，豈不更務實些？有了這樣的認知後，每次出去做陌生拜訪都可以認識新朋友，一個早上拜訪五十個人，就有一定比例能夠持續追蹤。反之，缺乏這種認知的銷售夥伴，花了一整個上午，很可能只開發到一兩個客戶，而且聊太久還會造成對方反感，甚至喪失後續追蹤的機會。

面對陌生市場，採取大方結緣、彼此交流的心態，不是劈頭就要做銷售，更不必非得讓產品、服務一次成交。不妨調整心態，因為喜歡與人互動，所以主動去認識新朋友，當人跟人之間有了交流，之後有沒有購買的需要，客戶自己會判斷。

敞開心胸，陌生開發也會變得輕鬆自在，你的銷售之路就能越走越寬廣。

2-6　主動關懷，隨手就能做開發

廣結善緣，銷售是一門與人互動的學問

「為什麼寶可夢遊戲打不開？」年近七十的媽媽很緊張地拿著智慧型手機問我，去散步時幫兩個孫子抓寶、累積經驗值，是她每天生活的最大樂趣。

「你該不會按到什麼不該按的吧？」一來是我手邊正在處理工作，二是我對 Android 系統很不熟悉，媽媽看到我正在忙碌，也不好意思再叫我幫忙解決，就把手機拿回去，說她再想辦法。

這個日常小插曲我本來沒放在心上，直到發現媽媽拿行動電源替手機充電，我不免感到好奇，上了年紀的媽媽大部分時間待在家，外出或買菜只在附近，她都用家裡的座充，為什麼會買了個行動電源？她怎麼知道這項新科技的？

「我常常去對面的電信商，想說沒辦門號不好意思，總要買點小東西……」

媽媽說，她請我們家對面電信門市的服務人員幫忙設定手機，年輕的女店員很親切地招呼她：「阿姨，您住附近嗎？手

機有什麼問題，隨時都歡迎過來找我們。」

我媽一直向對方道謝，隨即不好意思起來：「啊，可是我門號不是你們家的……」

「阿姨，沒關係，有問題來找我們，沒有問題也歡迎過來，天氣這麼熱，經過就進來坐，來我們這吹冷氣！」

年輕的女店員沒有推銷、沒有提商品，舉手之勞幫個忙，就抓住年長者的心，媽媽上門吹冷氣的次數多了，自然想要做些消費還人情，我很感謝對方代我照顧媽媽，於是自己也變成那家電信門市的常客了。

銷售維他命

> 主動關懷，不但能突破人際關係的「僵」界，還能創造機會。

銷售人每天絞盡腦汁思考市場開發，不少人常說客戶太少，不知道去哪裡開發客戶，其實他們缺少的不是認識客戶的機會，而是發現客戶的意識，比起某些特定的方式，「隨手開發」更有可能產生意想不到的效果。

隨手就能做開發，這也讓許多銷售夥伴反應：「問題是想的容易，做的難！客戶哪這麼好開發？」

別忘了在我們的生活周遭，到處充滿潛在的客戶對象。例如你的西裝套裝是怎麼清理的？每次送洗衣服的時候，跟店員、

店東多聊個兩句，對方也會關心你：「是做什麼行業的？」「你們那一行辛苦嗎？」這些人際互動的場景，在日常生活中隨處可見。

銷售業務是高度與人互動的行業，這包括了主動關懷、察言觀色、釋出善意、大方交流，如果你也具備這些性格或習慣，會發現銷售開發隨時隨地都能夠做，走到哪裡都能夠廣結善緣。各行業的頂尖超業擅長留意觀察他人、發現客戶，他們彷彿擁有一種神奇的能力：每次出門都有辦法認識新朋友，難怪他們能源源不絕地成交。

習慣一：主動幫忙別人

你是否習慣順手幫人忙、給人方便？

由於從事銷售業務的關係，我很容易三餐不定時。每當過了正餐時間肚子餓的時候，我常到公司對面市場的包子攤買包子吃。有一回包子店的老闆因為地滑一不小心，把一籠包子給打翻了，我當時見狀心也急，立刻離開原本排的隊伍，上前幫忙老闆撿包子。老闆不但連忙跟我道謝，從此以後我買包子時，老闆都會對我微笑、問候。

包子店的生意總是很好，老闆要招呼的客人那麼多，就因為這一次的順手幫忙，加深了老闆對我的印象。當老闆知道我從事保險業務時，竟主動詢問：「依你的經驗，像我這個情況適合什麼樣的保單？」

能成交這位老闆客戶，不正是從一個主動幫忙，而建立的好機緣？

我還習慣在進入電梯後，看到其他人也走進來，順口問對方：「請問你要到幾樓？」靠著這個小動作，就增加許多認識新朋友的機會。

習慣二：給人微笑、關懷

你習慣主動釋出善意嗎？

現代人生活步調快，總是行色匆匆，經常忽略身旁的人，甚至連招呼也不打。一個週六的上午，我坐在台北某商辦大樓的一樓大廳等客戶，有個清潔阿姨正在打掃大廳，人來人往的大廳裡，卻沒有人向這位阿姨打招呼。一個年輕人在等電梯的時候，順口對阿姨說：「阿姨，星期六你們還加班喔？辛苦妳囉！」看到這一幕，我想那位阿姨聽到年輕人的這聲問候，心裡一定覺得很溫暖吧！

就因為年輕人的這句問候，阿姨也主動問：「年輕人，你在幾樓？假日也加班喔？你們公司是做什麼的啊？」我相信，如果這位阿姨有需要相關產品的時候，一定會第一個就想到這位年輕人。

習慣三：把光環讓給別人

在各式相聚的場合裡，我喜歡跟大家一起拍照，但我更樂

101

意幫人拍照。不是因為我的攝影技術有多厲害，而是當大家都想要入鏡時，總得要有個人幫大家服務，而我很樂意當這個角色。「把光環讓給別人」正是我的與人互動哲學，有些朋友會問：「幫忙拍照的人照片最少，你不覺得可惜嗎？」我倒有自己的想法：「能讓每個收到照片的人想起，是解世博幫大家拍的，豈不是另一種收穫？」有時將光環讓給他人，當個給掌聲的人，也有機會贏得好人緣。

有學員回饋：「老師，現在大家都改用自拍棒了啦，這樣每個人都能入鏡啊！」

一群朋友自拍是種樂趣，但是如果為了畫面品質，還是希望有人能幫我們拍出「美照」。有位銷售夥伴聽我這麼說，之後他只要看到有陌生人拿著自拍棒在自拍，便會主動問：「需要我幫你們拍嗎？」幫人拍照的小習慣，也無意間為他帶來許多認識新朋友的機會。某些時候吃虧就是占便宜，樂於禮讓他人、樂於給人掌聲、樂於為人抬轎，絕對會為你廣結善緣。

習慣四：敞開交流大門

房仲、電信門市業、連鎖藥局這類型的銷售產業，都很強調「在地經營」。某天我經過一家房仲門市，瞧見店門口擺著大大的標語牌「○○房屋，您的好厝邊」，底下還寫著「歡迎進來看報紙」「歡迎進來借廁所」「歡迎進來喝茶水」……

這家房仲業的經營者，將做生意的門市轉型成「好鄰居服

務站」，先不談買賣房子，讓鄰居可以輕鬆走進來喝茶看報，甚至借用修繕的工具箱，如此貼心的服務，敞開大門與鄰里結緣，我相信一定會讓街坊鄰居印象深刻。

也因為這樣我對這間房仲門市留下好印象，當周遭朋友有買屋、賣屋需求時，我總會推薦這間房仲品牌。

如果你的產業屬於商圈經營，你是否也能敞開與人交流的大門呢？明天的成交機會，是靠今天的廣結善緣而牽成。

銷售，可以說是一門「做人」的生意，業務要做得好，需要具備樂於與人互動的性格特質。比起刻意而為的努力，舉手之勞幫忙別人、給人關懷與微笑、將光環讓給他人，並且隨時開啟交流的大門，都能讓我們的收穫與生命更豐富。

試著把目光放遠，我們總不免會計算自己撒了幾顆種子，卻無法預料到這些種子未來能結出多少果子！有了廣結善緣的心態，就會發現隨手播種、開發經營其實很容易。

筆 記 欄

2-7 隨時記錄，讓名單變訂單

留下開發與活動紀錄，打造自己的業績藏寶圖

從我踏入銷售領域開始，我習慣隨身帶一本小冊子，裡面記錄了三種名單，第一是「我拜訪過的人」，第二是「我認識的人」，第三則是「我還沒見過，但我想去拜訪的人」。

有一位大忙人客戶很難找，每當我打電話到他辦公室，他總是正忙碌或是剛好不在座位上，既然多次都聯繫不上，名單通常就會被放棄，但我心想都已經花了這麼久的時間聯繫，真要放棄還有些不甘。

於是我試著改到晚上再聯繫，每次都是客戶的家人接聽，我便向他的家人自我介紹、表達想拜訪的意願。前前後後算起來，我找了這位客戶好幾個月，在一個假日時間我打了一通電話，終於聯繫上這位客戶了。

「我知道你，只是每次你打電話來，我都剛好不在。」這位客戶告訴我，家人屢次向他提起「解先生」這個人，講到他都放在心上了：「所以，你找我到底有什麼事？」在向客戶表

明來意之後，由於他也感受到我的鍥而不捨，終於和這位大忙人客戶正式接觸上，進一步見了面，也在日後成交了一筆大單。

　　成為客戶之後，偶爾再見到面時，我都會開玩笑地說：「你是我遇過最難找的客戶，前前後後一共打了數十通電話才找到你！」我甚至還能說出幾年幾月幾日我們在哪裡見面，客戶驚訝不已，覺得非常暖心：「你怎麼都記得呀？」這一切，全拜小冊子留下紀錄所賜！

銷售維他命

開發要留下紀錄、紀錄要時時更新，名單才有可能變訂單。

　　許多銷售夥伴看似勤於開發、拜訪客戶，但當上司問起：「你建立了多少客戶名單？」得到的回答卻經常是：「我還沒有名單。」會出現這樣的情況，就是沒有為自己的行動留下紀錄，等到哪天需要業績時，當然不知道有哪些人可以拜訪。

　　業績不會自動從天上掉下來，每個名單留下紀錄，名單才能變成訂單。即使我是銷售老將，也會隨身攜帶我的小手冊，每當不知道下一位客戶在哪裡的時候，就翻開這本小冊子，總能從裡面挖掘出新的線索，這就是仔細做紀錄的魔力。

　　頂尖超業都將每個名單當資產，並做好紀錄與管理，因此總有那麼多銷售契機。現在科技日新月異，銷售人透過智慧型

手機，不管是要拍照、語音記錄、建立通訊錄資料、上傳雲端都很方便，下面分享我運用科技工具做紀錄並經營客戶的方法：

名片掃描 APP

每一次拜訪客戶後，我都習慣把客戶的資料輸入通訊錄裡，建立好的名單最高紀錄曾有七千五百多個客戶，包含了「成交」「不成交」「未見面待聯繫」三種。

有些朋友問：「你的客戶名單這麼長，光是建檔不就要花好幾個月？」他們也懷疑，一個一個打字，要做到什麼時候？我總笑笑地回答：「每天養成建立名單的習慣，七千五百筆客戶資料就是日積月累的成果而已。」

況且現在有許多名片掃描 APP，只要拍一張照，APP 就能自動掃描、歸檔，直接匯到通訊錄裡，連一個字都不需要打，科技工具就是那麼好用、有效率。

建立備註欄位

掃描完名片，我會在通訊錄的備註欄裡面輸入相關資料，內容越詳細、越有畫面感越好。例如我跟這個客戶是幾年、幾月、幾日第一次碰面？透過誰引介認識或是什麼場合認識？客戶的家庭成員有哪些人？

千萬別嫌記錄這些備註麻煩，你所記錄下的客戶備註訊息，很可能成為下次拜訪時的話題，讓客戶感覺到你竟然記得他的

事情,而對你留下好印象。

若是與我成交過的客戶,我還會在備註欄位註記客戶曾經購買什麼樣的產品、金額。多虧備註欄位的詳細紀錄,在客戶詢問或需要服務時,我第一時間就能立即回覆,除了更顯專業,還能提升每位客戶的服務滿意度。

將名單標籤化

我會在通訊錄中增設三種類型的標籤,第一個是客戶的「興趣」,第二個是「工作職業類別」,第三個是「家庭背景與生日」,這些都是未來後續經營的「藏寶圖」。

將名單標籤化,一來當名單量日益增加時可以快速搜尋,二來便於日後針對特定屬性族群做活動跟進、主題經營與資訊分享。

例如當我讀到一則產業報導時,可以發訊息給相關職業的客戶,提供有用的訊息給對方參考,準確互動外,也能避免亂槍打鳥、到處撒資訊淪為垃圾訊息,反而惹人「倒彈」。

又例如我知道張先生喜歡爬山、李小姐喜歡烹飪,此時如果有一個郊遊踏青的活動訊息,我就可以比較精準地傳給會對這個活動感興趣的張先生。名單標籤做得細膩,就能更快找到哪些是需要我服務的人,並且替客戶介紹朋友,讓既有人脈活化,增加新的可能性。

地圖大頭針工具

在通訊錄裡面，已經有客戶的公司或是住家地址，所以我會透過 Google Map 或是其他地圖 APP，在這些位置上放大頭針標記。如此一來，例如客戶張經理住在哪個區域、王董的辦公室在哪裡，都能一目瞭然。

每回我要去拜訪客戶，因為善用科技工具做管理，所以在拜訪行程結束後，我的客戶開發還可以順路進行下去。每當順道去探望周遭區域的客戶，見面三分情，老客戶看到我登門的時候，都是充滿驚喜，彼此的關係也能隨之加溫。

銷售人每天開發拜訪、接觸人群，要讓一面之緣的關係得到活化，不只要建立客戶的聯絡人資料庫，更要善用科技工具管理。業績不可能從天上掉下來，而是來自於對每個名單的重視與認真經營。

我總認為：「對名單的重視程度，決定了銷售能不能開花結果。」會有這樣的體悟，是因為我剛開始從事銷售工作時，完全沒有人脈資源，只能透過不斷的陌生開發認識新朋友，每獲得一個名單，心裡就對它抱持無限期待，同時也想著該如何把每個名單經營成未來機會。因此也比其他人加倍珍惜名單的經營。

養成記錄名單的習慣、勤追蹤，透過訊息的分享、活動的

跟進，「精誠所至，金石為開」，相信你也能跟頂尖超業一樣
隨時都有可以拜訪的客戶，業績永遠不發愁。

筆記欄

2-8　開發途徑攻略

電話、網路、活動、社團，從多元銷售管道打開
客源瓶頸

　　曾經有位夥伴寫訊息問我：「老師，我面臨到銷售開發的瓶頸，想嘗試做電話開發，但是大部分的客戶都不喜歡被推銷，加上現在詐騙電話這麼多，我相信許多客戶接到電話，就會立刻掛掉。想請教您，電話開發還能做嗎？」

　　我回覆請教的學員：「這個問題是你嘗試之後遇到的問題？還是你預設擔心的問題？」

　　學員坦言，以上只是他設想的問題，正好反映了許多銷售夥伴開發客源的最大阻礙：總是「預設立場」，以及「自己嚇自己」，卻忘記銷售領域的鐵則是「量大，人瀟灑」。當我們的潛在客戶數量夠多、開發量夠大，業績自然不用愁。

　　我過去為了每天都有新的客源名單，不論是透過電話開發，或是沿路掃街式的陌生開發，甚至特定社區郵寄 DM 或是 E-Mail 信函的方式開發市場，只要有開發新客戶的可能，各種方法都曾努力嘗試過。

　　包含我十年前創業初期，為了開發企業潛在客戶，我透過各公司官網上的資訊公開頁面，取得承辦人員的分機電話，再透過電話或是 E-Mail 的聯繫，創造了許多拜訪機會，快速奠定創業初期的客源基礎。

　　每當我在課程當中分享，我是如何想方設法、積極嘗試的時候，總有人語帶懷疑地問：「這方法真的可行嗎？」「就這麼簡單？」是的，銷售開發沒有各位夥伴想像中的複雜，以上種種作法都曾為我創造出業績，也證明了「條條大路通羅馬」。

　　其實，讓銷售開發變複雜的，都是心態。總是抱著預設立場、懷疑成效，這只會讓開發之路越走越窄；如果開發客源時總是害怕擔心、不敢嘗試，想像的恐懼只會越來越大，讓人裹足不前。

　　如果你也想要創造更多客戶來源，就必須抱著想方設法、有機會就嘗試的態度。多方嘗試各種不同的開發途徑，目的是為了找到最適合你的那一條路，在銷售場上立足。

銷售維他命

當腦海中想像的都是問題與困難，自然看不到機會與可能。

　　銷售場上有個「10：3：1」的定律，假設我們有十位客戶

的名單，大約會有三人願意見面，而最後可能成交的只有一個。這意味著銷售人開發新名單的速度一定要比名單消耗的速度還快，開發的態度也要更主動積極。

一般業務員只在意「這個月有沒有業績」，然而頂尖銷售人會將每個月的業績目標換算為「需要多少客源名單」，以此來規劃客戶開發目標。

事實上，開發的方式與管道相當多元，但是每種開發模式，各有不同的經營方法與成功要訣，為了提升成功機率，我整理了一份「開發路徑全攻略」，讓夥伴們從幾個案例情境裡，檢視自己的盲點，及早突破修正，早日開花結果！

開發途徑一：電話開發

案例情境

常有業務夥伴這麼問：「老師，我之前曾參加某個團體，手上有這個團體會員的名單，也曾聯繫了其中幾位客戶，但是都得不到好的回應，如何才能約到拜訪呢？」

如果你拿起電話打給客戶，劈頭就說：「您好，我這裡是○○公司，我們目前推出一個很好的商品（服務），想跟您約個時間過去拜訪……」

可能話還沒說完，只聽到客戶一句：「我不需要。」就掛斷電話了。

盲點與困難

電話開發效益不彰的原因，主要是銷售人害怕被拒絕（被掛到怕），或是準備不足夠。

因為電話開發時排山倒海的拒絕，讓許多銷售夥伴視電話開發為畏途，甚至質疑電話開發不管用、已經落伍了。

在電話裡，因為只能聽到彼此的聲音，少了「見面三分情」的信任，對方又多了「小心詐騙」的防備，所以銷售夥伴在進行電話開發前，準備的工夫不可少，不僅不能支吾其詞，更不能語意模糊，或者來意不明。

心態與建議

電話開發，絕對是銷售夥伴的關鍵技能，不論各行各業，都需要透過電話邀約接觸，爭取拜訪機會。

我個人認為，在這麼多的開發模式當中，電話開發是回報率最高的。假設一通電話成本十元、一小時能聯絡十位客戶，讓三位客戶願意見你，進而在日後成交其中一位，這樣的投資報酬率換算一下就知道，電話開發的效益是很值得的。

若想要提升電話開發的成功率，一定要在電話當中清楚表明身分與來意，針對客戶所在意的幾個問題，例如「你是誰？」「找我有什麼事？」擬定一份電話文稿，例如：「您好，我這裡是○○公司，我姓解，您現在說話方便嗎？是這樣子的，根據最新一期商業雜誌報導，二○二○黃燈警戒年，不知您是否

也像我們許多客戶一樣，在新年的一開始意識到，應該要為資產配置重新做個檢視，讓您的投資理財更加安全……」大約十秒鐘就建立起信任感，並且提升開發效益。

開發途徑二：網路開發

案例情境

你可能關注某位網友很久了，常看到對方在 Facebook、微信、IG 這些社交平台上，上傳他與朋友去健身、運動的照片和心得分享。

於是你傳訊息給這位網友：「我看到你的照片和文章，剛好我對健身也很有興趣，找個時間大家出來交流、一起喝杯咖啡如何？」「你常常去比賽，做好健康管理很重要，有沒有興趣了解我們公司的機能食品？」但對方都是已讀不回。

盲點與困難

網路社交媒體的發達，只是讓彼此知道近況、動態，由於欠缺真實的連結，雖然常常相互留言點讚，卻不等於彼此有足夠的信任。

加上網路上本來就真假難辨，可能造成資訊偏誤，例如有人經常在社群網站上傳自己小孩、伴侶的照片，就表示他願意為家人做保險規劃嗎？如果直接發訊息過去，不是已讀不回，就是誤會一場，甚至還造成反效果遭對方封鎖。

心態與建議

網路社群可以是輔助聯繫的管道，而不是主要的開發來源。

既然成功銷售的基礎是建立人與人之間的信任，建議銷售夥伴在與客戶見面互動之後，才加網路社群為好友，更能清楚拿捏經營的力道。平常除了給網友們多按一些讚，看到心情故事也能留言回饋，這樣的互動經營，才更顯得真實、有溫度。

此外，善用社群媒體發表你的專業見解，凸顯自己的性格、價值觀、獨到之處，吸引潛在客戶關注你，透過網路社群打造個人品牌。正如我常將銷售、教育訓練的專業寫成短文，放在粉絲團或是部落格上，就有不少網友或是海內外企業對我感到好奇，並來信詢問，這證明善用網路經營，確實能發揮自己的影響力。

開發途徑三：活動開發

案例情境

有些夥伴為了市場開發，會舉辦「外展」或是「擺攤」，你可能曾在賣場裡看過保險夥伴的諮詢攤位，或在公園廣場看到幼教產業做戶外展示，我也曾看過汽車業的朋友，在高爾夫球場做品牌形象展示。一天結束下來，外展的成效如何呢？

盲點與困難

當消費者被各式各樣的行銷手法「訓練」得很精明，活動若想吸引到潛在客群，必須經過一番腦力激盪與精心設計，這

仰賴銷售夥伴努力發揮創意，否則很容易淪為「為辦活動而辦活動」。

而活動的規劃能力也相當重要，目的性必須明確，時間和預算都要精準掌控，因為活動成效的好壞，很可能會影響到團隊夥伴的士氣，以及日後舉辦的意願。

心態與建議

我個人覺得最有趣的開發方式，就是活動開發。

過去從事保險銷售時，曾經舉辦過一場「愛我母親，畫我媽媽」的活動，不僅邀請自己的所有客戶，還請客戶介紹朋友一起來參加。那場活動之後，我的團隊足足增加了兩百多位客戶的名單，也提升了團隊的凝聚力，開發的效果超乎預期。

你應該思考，如何發揮創意設計客戶感興趣的活動，代替傳統的市場開發方式。藉由活動吸引目標客群的高度參與，當主題設定得好，若還能結合話題，更容易引發客戶迴響。

開發途徑四：社團開發

案例情境

有銷售夥伴為了擴展客戶人脈，一口氣參加了數個社團，每個社團都要繳月費、社費，但投注了這麼多成本，一眨眼三個月過去，竟然連一張訂單、一筆生意都沒有接到。

想要找社團成員談產品，結果對方總是顧左右而言他，甚

至還避不見面,感覺資深的成員自成一個小圈圈,交流著新成員不知道的情報⋯⋯,這到底出了什麼問題?

盲點與困難

社團是一群志同道合的朋友所組成,如果你是為了接訂單、做生意才加入,社團成員一定會發覺,這樣反而踩到地雷,犯了參加社團的大忌諱。

社團開發屬於中長期的經營,不可能立竿見影,既然如此,真誠地融入就變成非常重要的因素,否則絕對持續不久。

心態與建議

回到社團成立的初衷,是為共同的理念或興趣參與、付出,藉由這個過程彼此學習、共同成長、增進情誼。只有當大家看見你的人品,信任感才能建立,也才有下一步的機會與可能。

有了正確的心態,並且真心投入這個興趣,才能夠享受社團經營的樂趣,並在忙碌的工作之餘,與社友切磋交流,因志同道合培養出深厚的情誼,為自己的人生帶來更大的財富。

如果你想在銷售路上有一番成就,就必須想盡各種可能不斷開發;大量且足夠的開發,才能提升成功機會。過程雖然辛苦,還要付出時間和金錢成本,但能從中大量學習,磨練銷售技能。

成功銷售開發的關鍵在於:

- 強化開發認知：銷售開發的能力決定你的績效表現。
- 設定開發目標：將業績目標細分，例如換算成「每天應獲得多少新客戶名單」。
- 想方法別設限：勇於嘗試各種方法，讓開發之路又寬又廣。
- 展現主動積極：態度主動積極，到處都會有商機。

你我都想透過銷售幫助更多的人，當每一個努力有了意義，就能燃起使命感！

筆 記 欄

接觸拜訪

很多人會說：「我不喜歡推銷員。」
但是他們不會討厭超級業務員，甚至還很欣賞呢！

同樣都是從事銷售，為什麼推銷員讓人反感，
而各行各業的超業，卻能贏得好感，甚至尊崇？

第一次接觸拜訪客戶時，頂尖超業到底做了什麼，
讓客戶產生好奇，願意跟他們聊下去，
並想進一步交流，請教他們更多問題？

為什麼超業與推銷員會有這樣的差別待遇？
因為大多數的推銷員，死纏爛打，
劈頭就推銷介紹產品；
缺少自信、毫無亮點、偏離主題、表現過頭，
這些都不可能讓人有好感。

頂尖超業，總能拉近人與人之間的距離，
因為他們知道只有先被客戶接受，
客戶才願意繼續聽下去。

頂尖超業，能夠引發客戶的興趣，

因為他們懂得在客戶的心中，留下深刻的好印象。

頂尖超業，不會為銷而銷，

因為他們了解客戶的痛點與夢想，

設身處地擬出最佳方案。

頂尖超業，永遠做足準備，

每次接觸拜訪都認真演練，

自信自在地面對客戶各式回應。

頂尖超業，不斷精進提升能力，

每次行動後都會從中檢視、修正、再精進，

練就銷售好技術。

正因為頂尖超業在第一次接觸拜訪時，

就做到「比想像中還要多的事」，

所以每次都能贏得機會，掌握無限商機！

3-1　超業人見人愛，推銷員惹人嫌

銷售賣的不是產品，賣的是自己

「先生小姐您好，我來自○○公司，我姓解。我們公司有一份保險很適合您，可以拜訪您並做個簡單的介紹嗎？」這是當年我在剛踏入保險銷售時期，每天做陌生開發重複說的制式開場白，明明很努力，卻沒幾個人給我好臉色，不但沒一筆業績，還甚至連三餐都成問題，到底出了什麼問題？

直到有一天，一位客戶從我的台語口音，聽出我是台北人。

我很驚訝：「對啊，您怎麼知道？」

原來這位客戶也是台北人，彼此雖是初見面，馬上就有他鄉遇故知的感覺。客戶主動對我好奇起來，問我住台北哪裡？怎麼會想在高雄發展？我們就這樣聊開了，一下子四十幾分鐘過去，聊到我都快忘了原本想介紹的產品，臨走前客戶還要我有空常去坐坐。

走出這位客戶的家門，我突然有個想法，如果每一次接觸拜訪都能夠這麼愉快就太好了！這一次的互動經驗，給了我很

大的啟發，要先讓客戶對我這個人感興趣，他們才會樂意聽我接下來說的話。

後來，許多客戶得知我是台北小孩「南漂」，經常這樣問：「你年紀輕輕、在高雄人生地不熟，為什麼想做挑戰性最高的保險業務？怎麼沒選擇別的行業？」

「那是因為我自己的家庭，就發生過這樣的遭遇──我父親在家裡不小心滑了一跤……」察覺客戶開始對我感到好奇，我繼續講我的故事：「哪知道，那一跤讓他在病床上躺了八年半；也因為家裡沒有任何保險，只好把房子賣了支付醫療費用，所以我覺得保險很重要。」

每當我將自己親身經歷、感受與理念，用說故事的方式表達出來，也許客戶不見得記得我所屬的公司，甚至一時叫不出我的名字，但總是記得我的故事。

談到銷售拜訪，你以為有膽量就足夠了嗎？我常開玩笑地說：「天下沒有白吃的午餐，但是肯定有白流的血汗。」一分努力不見得會換到一分收穫，而接觸拜訪的關鍵就在於得不得法。

銷售維他命

一般業務講話術，頂尖超業善用故事賣自己、賣理念。

曾有人說：「銷售是『做人』的事業。」

菜鳥時期的我把這句話想得太淺，以為銷售是一份服務人、與人接觸的工作，隨著銷售經驗與日俱增，我體會到這段話更深層的意涵是，客戶能夠接納你，不是產品、服務很特別，而是你這個人很特別，如果沒有先把自己賣出去，別人也不會對你的產品感興趣。

既然如此，在接觸拜訪客戶時，要如何引發客戶的興趣？

用故事，引發興趣

如果只會用制式的話術做開場，十之八九會吃到閉門羹，於是我在接觸拜訪客戶的時候，會先嘗試引起對方的好奇心，也為接下來的聊天話題鋪陳：「先生小姐您好，我是○○保險公司的業務員，我姓解。台北小孩來到高雄，我台語講得不是很流暢，請見諒。」「大部分的人都是『北漂』，我卻是少數的『南漂』。」

這樣的開場白還真能引起客戶對我的興趣，他們通常都會問：「很多高雄人會去北部發展，為什麼你這個台北小孩想要來南部呢？」

這樣的開場對話不但比制式話術有「人味」，讓我每次拜訪都能和客戶聊更多，每天拜訪下來有三分之一的客戶能夠後續經營。

用故事，傳遞理念

客戶對我感興趣，不只因為我的出生地，還有我的職業選

擇。出於好奇心，客戶會繼續拋問題給我：「年輕人，保險不好做啊，你怎麼會來做這行？」

看到客戶有這樣的反應，我有機會說出我的故事：「我來到高雄，因為我覺得保險是很好、很重要的觀念，可惜家人不太理解，所以反對我做銷售，但我相信這麼好的觀念，就算來到高雄也可以闖出名堂。」

「你在高雄人生地不熟、又沒朋友，不怕沒人跟你買嗎？」

「高雄人都很熱情，我怎麼會怕呢！而且大家買保險最怕就是人情保的壓力，我只要勤跑一點，客戶也會接納我，還不用因為人情而有負擔，更能客觀地認識保險，這不是很好嗎？」於是我跟客戶分享自己的銷售理念。

透過銷售故事讓客戶留下深刻印象的方法很管用，但問題來了：「故事到底該從哪邊來？」

我的故事來源，一部分是我的人生際遇，只要你好好檢視自己的各階段歷程，就算是銷售新人也不怕沒有故事可講，一定有精彩之處。

如果你已經做了一段時間的銷售工作，或是累積了一些銷售歷練，我相信你不只有自己的經歷，還看過很多別人的故事吧？當你越投入與人互動，不斷開拓視野，就越能得到許多好故事和真實案例，近年來我的故事都取經於客戶，所以別發愁沒故事可說！

用故事，打造專業

我剛開始銷售保險時，逢人就問：「您對保險了解多少？有沒有這方面的需要？」當下客戶都沒有反應，後來改用說故事或譬喻的方式來引導客戶：「保險沒有大家想得複雜，保險其實就是一個塞子。」

保險是塞子？客戶沒聽過這種說法，便感興趣地繼續聽下去，我接著說：「我們的人生像一個杯子，我們希望快點把這個杯子給裝滿。於是努力工作、投資理財、省吃儉用，目的都是讓這個杯子能夠快點裝滿，享受富足的人生，沒錯吧？」

瞧見客戶點頭，我給這個譬喻加上轉折：「問題來了！如果杯子的底下或是旁邊有破洞，你覺得我們該不斷努力灌水下去？還是先把這個破洞給補起來？」

「當然要先把它給補起來啊！」每個客戶都這麼回答。

「對，保險就這麼簡單，它是一個塞子，可以讓我們預防損失。」我把故事講完了，不忘再強調說：「當我們先將可能的風險損失降到最低，努力才更有意義，不是嗎？」

聽了這個故事，客戶不只秒懂，而且印象深刻，此時可能會鬆口說：「聽起來不錯，但買保險要花錢啊！我是不是先買最基本的保額就好？」

「您覺得塞子要能夠補足風險的缺口，還是隨便拿個東西放下去就好了？」我用一個故事概念，從引導觀念到引導成交

首尾呼應，不用搬出大道理，客戶就被故事說服了。

　　銷售人如果開口閉口只談銷售與產品，也難怪客戶覺得無趣，懶得多費唇舌。

　　學習頂尖超業人見人愛的秘訣，善用自身的故事，藉此呈現你這個人以及你的理念，讓客戶感受到你的性格與特質。也因為知道了你的故事，認識了你這個人，客戶對你產生好奇，自然地打開心房，不再防備，就能在心中對你留下深刻印象。

筆 記 欄

3-2　客戶最在意的是，你能帶給他什麼？

別再自說自話，呈現亮點才吸引人

暑假是販售學習教材、補習課程的好時機，一位英語教材的銷售員單刀直入地對我們夫妻倆說：「先生、太太，相信你們都認同，語言學習對孩子來說很重要吧？」

天下父母心，我很希望能培養孩子的英語實力，於是回答：「當然啊，所以我們想進一步了解，你們公司的教材跟一般有什麼不同？」

「我先跟兩位介紹一下我們教材的特色，我們的教材有很多優點，你先耐心聽完就知道有什麼不同……」

銷售員一開口談產品便停不下來，五分鐘過去，說實在的我們並沒有聽到有什麼不同之處，於是我客氣地打斷他：「我們比較在意的是，如何讓孩子不抗拒、沒有壓力，能夠自然而然地學習與記憶。」

「我們的產品都是強調互動性的，像這支觸控有聲筆，你只要點在書上，它就會正確發音，讓孩子馬上學習……」坐下

來都已經十分鐘了，這位銷售員繼續熱衷地介紹英語教材，但是我真正關心的問題，似乎仍沒有解答，為了不浪費時間，我輕描淡寫地說：「不然您留些資料給我們，我們先研究一下，再跟您聯繫。」

我話才說出口，銷售員竟然語帶不耐煩地對我們夫妻說：「先生、太太，你們剛剛說孩子的語言學習很重要，也認同語言的學習越早越好，不可以耽誤，那你們還有什麼好考慮的呢？」

遇上這樣自顧自介紹產品的銷售人員，消費者只會想趕快逃離現場，後來我有沒有跟這位教材推銷員購買，自然不難想像了。

銷售維他命

> 吸引人的亮點一開始就要拿出來，這才是客戶最在意的事。

我常目睹銷售夥伴一接觸客戶，就像開場故事中的英語教材推銷員一樣，連珠炮似地滔滔不絕介紹產品，不管青紅皂白，也沒去在意客戶真正想得到的是什麼，就一味地自說自話，還不斷祭出話術：「趁暑假結束前，我們有優惠方案，您只要現在決定，我可以給最多折扣……」

頂尖超業除了不會自言自語之外，更重要的是他們絕對不會在銷售接觸的一開始就介紹產品，而是會先創造吸睛亮點，

藉此引導客戶自然而然地聽下去。

如何在銷售接觸的一開始就創造出吸睛亮點？可以從以下兩個方向來思考。

以客戶的期待，作為亮點開場

以開場故事的英語教材為例，當客戶好奇地問：「我們想進一步了解，你們公司的教材跟一般有什麼不同？」這時千萬別急著一股腦地介紹產品細節。

如果這樣切入：「我們這套教材，專門針對學齡前的兒童設計，要讓小朋友在第一次接觸英語時，就能對英語產生好奇，並且覺得語言學習很有趣。」如此不僅立即回應了客戶的提問，也呈現這套教材的產品差異，引發客戶的興趣，讓他繼續聽下去。

頂尖銷售善於一語道出客戶心裡的期待，這就是一個成功的吸睛亮點。

對應客戶內心的期待，一開場就打造吸睛亮點，在接觸拜訪時，我們也可以這樣自我介紹：

「先生／小姐您好，我是○○公司的業務，我叫○○○。（稍作停頓）

我們公司專門為企業量身訂做客製化的軟體服務，到目前為止，您的同業都給我們很高的評價喔！（稍作停頓）

有沒有機會大家見個面、聊一聊？說不定我們可以為貴公

司創造更大的營收、降低更多的管銷成本。」

以客戶的煩惱，作為亮點開場

我剛開始從事保險銷售時，逢人就說：「先生／小姐您好，我來自○○公司，我姓解。我們公司有一份保險很適合您，可以跟您做個簡單的介紹嗎？」我當時完全沒想到，我和客戶是第一次接觸，但對客戶而言，我已是第 N 個來找他的銷售人員，制式化的開場白，完全感覺不到所謂的吸睛亮點，難怪無法引起客戶的興趣。

如果改為：「先生／小姐您好，我來自○○公司，我姓解。面對低利時代，許多人都擔心單靠薪水，錢只會越來越薄，我們針對有這種困擾的客戶，提供一些規劃方案，可以給您參考……」

這樣的開場，一語道出普遍上班族的煩惱，由此引發客戶進一步了解的意願。銷售的任務絕不是劈頭就介紹產品，這樣只會讓客戶覺得「為銷而銷」，當你只是個賣產品的推銷員。頂尖超業會一出手就呈現吸睛亮點，讓客戶對你這個人、你說的話感到興趣。只有當客戶有了興趣，接下來的產品介紹才有意義。

我們都不喜歡「只看業績、忽略人心」的銷售員，如果自己面對客戶時只是自顧自地講個不停，怎麼會有好下場呢？

　　我總是半開玩笑地提醒銷售夥伴，埋頭苦講的下場一定是真心換絕情。頂尖超業絕不會在銷售接觸的一開始，就滔滔不絕介紹他的產品，而是會先創造吸睛亮點，並藉此激發客戶的好奇心，引發客戶想繼續聽下去的興趣。

筆 記 欄

3-3　每次拜訪就像轉扭蛋，潛藏驚喜

別因科技通訊發達，忘了人與人的溫度經營

在我從事銷售的第一年，透過朋友引薦，有機會拜訪一位業務出身、生意相當成功的大老闆。這位大老闆非常忙碌，經過多次相約才終於排好時間。於是我專程從高雄搭車北上，期待見他一面。

到了大老闆的公司，我發現停車場內停放了好多台名車，兩台雙 B、一台愛快羅密歐跑車都是大老闆的愛車。上了樓見到大老闆本人，出乎我意料之外，他不過比我年長五歲，年紀輕輕就這麼有成就。我當然要請教他，事業有成的祕訣是什麼？

大老闆很熱情地分享創業成功的經驗。他經常為了見上客戶一面，開著車南來北往地拜訪；為了爭取到一個提案機會，硬著頭皮不斷實驗新製程、新產品；為了簽到一張新訂單，絞盡腦汁，千方百計得到客戶的認可……。最後，大老闆如此總結自己的生意哲學：「人要是真的想成功，自然會有千萬的決心。」

我也好奇地問他：「當年這麼辛苦，現在事業有成了，怎

麼仍這樣拚命？」

「今天能有這樣的成績，都是從每一個看似不起眼的機會累積來的。每位客戶都是一個機會，沒有親自拜訪，怎麼知道機會是大？還是小？在商場上，機會沒好好把握，就會到別人手裡。」大老闆很認真地回應我：「千萬不能因為累積了一點小成就，而輕忽任何一個看似微小的機會！」

銷售維他命

唯有勤走、勤拜訪，才能掌握客戶的動態需求，好運、驚喜就會有。

這位年輕大老闆的無私分享，深深影響了我。

現在通訊軟體發達，許多銷售夥伴往往圖一時的方便，或是過於計較成本得失，非常依賴科技去經營這份需要溫度的銷售事業，甚至抱著僥倖心理：「我都定期將資訊傳給客戶。」「客戶有需要，他應該會想到我……」因而失去人與人之間該有的交流。

努力爭取機會，才能擁有機會

看見銷售同仁拜訪客戶簽到訂單成交，總會有人酸葡萄地說：「那是因為他運氣好。」

　　為什麼那些人有好運氣？這時應該反問自己：「如何才能跟他們一樣好運？」

　　事實上，好運是可以創造的，有科學家嘗試證明，運氣不是玄學而是科學。機會是在努力之後出現的，即使這一次拜訪成交的機率很微小，當我們提升了拜訪活動量，就會提升簽單成交的機率。

　　回到前面年輕大老闆的哲學：「每一次成交，都是從看似不起眼的機會累積出來的。」沒有努力拜訪、爭取每個客戶，怎麼會知道客戶有什麼樣的可能性？頂尖超業珍惜每一次拜訪，在這樣的正向循環下，難怪他們的機會總是源源不絕。

努力勤跑拜會，才能看見驚喜

　　我的兩個兒子喜歡玩扭蛋，我問他們：「這有什麼好玩？」

　　「爸，你不懂啦！這可好玩了，扭蛋裡面充滿驚奇，你永遠不知道這次會掉下來什麼。」兒子們異口同聲地說，至於一次驚奇的代價，就是用一枚五十元的銅板去換取機會。

　　頂尖銷售都喜歡努力拜訪客戶，許多人納悶，幹嘛要走這麼勤，又不是每次拜訪都會有結果？其實，拜訪客戶就和孩子們轉扭蛋一樣，永遠不知道這次的拜訪潛藏多少驚喜，只要勤跑、勤拜訪就能碰到新機會。

　　有一回我成交了一位張太太的訂單。簽約時，我對她說：「張太太，感謝您的支持，給我這個機會。很好奇想問您，拜訪了

這麼多次，您當初曾委婉地拒絕我，後來怎麼又願意給我機會了呢？」

「很多業務員來拜訪我幾次，覺得沒機會，就再也沒出現過了，而你是我見過被拒絕好幾次，竟然還會持續拜訪的。既然看到你常出現，我猜想，跟你這樣的人買一定會有好服務。」

能和這位客戶成交，正是因為不斷勤跑拜會，贏來開花結果。

不斷複訪，才能找到契機

很多銷售夥伴有過這樣的經驗──當初客戶告訴你「再看看」「暫時不需要」，可是你有一天去複訪時驚覺，其他同業已捷足先登，和這位客戶成交了相同的合約或商品。這種情況任誰都會覺得扼腕，偏偏經常發生！

根據美國銷售協會的統計：八〇％的成交，來自銷售人第四至十一次的複訪客戶，這充分說明持續經營的重要性，而多數情況下，銷售人員只做到了前三次跟進就放棄了。甚至因為短視近利，拜訪一兩次感覺無望就不願再跟進，忽略了持續經營，喪失長遠的延伸利益。

客戶的需求是動態的。現在客戶不需要，不代表他以後都不需要；客戶說他不需要，不代表他周遭的朋友親人也都不需要。不斷複訪才能掌握更新客戶需求，避免遺憾發生在自己身上。

　　鴻海集團前董事長郭台銘的一場演講中，有聽眾發問，未來 AI 是否會搶走人的工作。對此郭台銘強調，AI 永遠沒有辦法取代有溫度的工作，AI 只有理性，而有情感與需要決定的工作仍仰賴人來完成。

　　頂尖超業都知道，銷售工作之所以難以取代，正是因為銷售強調的是人與人之間的互動交流，所以要不斷嘗試、爭取每次見面機會。如同年輕大老闆的成功哲學，努力爭取拜訪的機會，才能抓住每一個成交機會。

筆 記 欄

3-4　拜訪前沙盤推演，擬定銷售路徑

好的銷售表現，靠的是完美準備

「拿到客戶名單後，要怎樣拜訪才能提高效益？」有銷售夥伴提問，好不容易跟心目中期待的客戶碰到面，結果卻張口結舌、緊張得說不出話：「我好焦慮，怎麼樣初次拜訪不 NG ？」

「會緊張就要多準備、多累積經驗，大家聽過銷售路徑的思維嗎？」我說，銷售人必須運用策略性思維，去規劃自己的銷售路徑，做好流程的全面沙盤推演，拜訪的效益才能夠提升。

「但是要怎麼做呢？」有些夥伴還是很困惑。

這個問題讓我想到我的兩個孩子，他們很喜歡玩樂高模型，暑假到了，他們就一直要我買新的模型給他們。有一回，我聽到弟弟對哥哥說：「我們再叫爸爸買模型給我們好不好？」

「好啊，我也想要新模型！」哥哥用力點頭表示贊成，但隨即緊張起來，想像跟我開口要求時會踢到鐵板：「可是爸爸如果說：『最近你又沒什麼好表現，為什麼要買給你？』那怎麼辦啊？」

「哥哥，我想到了！爸爸這麼問的話，我們就可以這樣說⋯⋯」

我拉長耳朵繼續聽，兄弟倆為了要我買模型給他們，努力腦力激盪、想方設法，簡直像想達到有效率拜訪的銷售人，認真思考著拜訪流程該如何鋪陳展開。接下來兩人開始沙盤推演，模擬各種狀況和問題應對，一心一意打算說服我。

這對兄弟擬定好說服策略，才跑來跟我開口，儼然是銷售業務人員的活教材。各位銷售夥伴，可別輸給無師自通的小孩子喔！

銷售維他命

做足了沙盤推演，才能提高成功勝率。

「想要好表現，要靠多準備。」為了讓銷售夥伴出門拜訪客戶能豐收，我嚴格要求所有同仁要落實沙盤推演，互相角色扮演並且演練。不過，這份用意曾遭受到一些同仁質疑：「在公司的演練不見得有用，到了客戶那裡又不一定會照我們想的情境去走⋯⋯」「老大，出門都怕來不及了，哪還有時間演練啊，去了現場隨機應變啦！」

將銷售當作一齣舞台劇，觀眾只會給表演者一次機會。表演要贏得掌聲，就需要多次彩排，小至肢體動作、走位動線，

大到對話台詞與劇本，有了完善準備，才有機會獲得滿堂喝彩。

　　當然，即使有沙盤推演，也可能遇到意外狀況，接觸拜訪的各種細節，不見得都能如我們所願。但若是事前欠缺準備，成功機率不就更微乎其微？

登場前先準備，沙盤推演銷售路徑

　　策略性的思維能提升拜訪效益。我在拜訪客戶之前，都會進行以下銷售路徑的沙盤推演：

清楚明確設定拜訪的目的：這次拜訪，我的主要目的是 _____			
A. 客戶已經擁有類似的產品，我該如何回應？		B. 客戶從沒聽過我銷售的產品，甚至還有些防備，該如何贏得信任？	
順利	不如預期	順利	不如預期
如何邀約下一次進一步評估？	如何留下日後再訪的伏筆？	如何邀約下一次進一步評估？	如何留下日後再訪的伏筆？

　　運用上面的圖表思維，針對各式銷售場景做事前沙盤推演，這能給銷售夥伴具體的幫助，無論客戶怎麼回應，都可以從容表現，不至於當場傻眼。

腦海中預想排演，應對進退完美展現

　　曾有同事問我：「老大，你每次拜訪客戶前，為什麼整個

人變得很安靜？」這是因為我習慣做情境預演，並讓腦海中先
有畫面。

　　例如我會在腦海中排演，進客戶公司、見到客戶或是交換
名片的時刻，我該觀察留意哪些細節，並找到客戶身上值得讚
美的地方？當雙方寒暄一番後，怎麼說出一段漂亮的自我介紹，
讓客戶對我印象深刻？第一次拜訪客戶，我該提出哪些問題，以
便快速知道客戶想法？做為拜訪的亮點，怎麼清楚讓客戶知道，
我能夠提供他什麼服務、為他帶來哪些價值？

　　由於事先在腦海裡做過情境預演與彩排，每次跟客戶接觸
互動時，更能展現大方自信。

事後倒帶回顧，快速累積經驗

　　每次的銷售拜訪結束，我習慣找個安靜的地方，透過回想，
在腦中重播一次剛剛與客戶的談話。

　　這樣做有幾個目的：一是藉由回顧之前對話，再次確認是
否收集到這次拜訪預計該得到的資訊；二是透過這樣的回顧練
習，讓我能在下一次銷售拜訪前，改進不足之處。

　　在此提醒各位銷售夥伴，事後的倒帶回顧，一定要馬上執
行。千萬別想說等忙完再說，或是下班後再慢慢回想。畢竟，
事情永遠忙不完，放鬆下來就很容易忽略工作狀態中會留意到
的細節！

　　面對初次拜訪的客戶，會緊張是人之常情，想要克服緊張，就快點累積經驗！如同第一次開車上路，副駕的教練一直叫我們不要緊張、不要緊張，結果我們卻更加緊張。但車子上路開了一個月、一年之後是什麼樣的光景？練習的次數增加、技術變得純熟，甚至是直覺反應的程度，此時還會緊張嗎？

　　沙盤推演好你的銷售路徑，專注地融入銷售情境，產品表達依循邏輯、架構，一次表達一個重點就好，多上場實戰，一回生、二回熟、三回變老手，你將是銷售舞台上最耀眼的主角。

筆 記 欄

3-5 快速拉近距離，贏得好感

自在大方地應對進退，走進客戶心坎裡

很多人看到我的銷售紀錄，都會誤以為我天生適合吃這行飯。但其實我本性並不算大方開朗，尤其剛出社會時更是對與人互動、應對進退一竅不通，常常鬧笑話。

例如我從小就怕老師，加上父親曾告誡我，出社會工作一定要有禮貌、懂得尊重他人。某次我去拜訪一位當老師的客戶，明明對方既年輕又親切，我卻反射性地立正手貼好，足足站了五分鐘，這位老師看到我臉上都冒汗了，便打圓場說：「年輕人，我沒那麼嚴肅，你不用緊張。」還主動拉椅子給我坐，接著問我要不要喝水？我卻畢恭畢敬地說：「都不用，謝謝。」聊了半個小時後，老師語帶懷疑又充滿好奇地問我：「你真的不渴嗎？」

還有一回，客戶邀請我去他家談保險規劃。抵達時客戶一家人正準備吃晚餐，對方很熱情地說：「你來剛好，一起吃晚餐吧，你一定還沒吃吧？」

我從小很少在別人家裡吃飯，深怕打擾客戶一家人用餐，

於是我就說：「不餓、不餓，你們吃，我先在客廳等你們吃完再聊吧。」於是，我就這樣傻呼呼地坐在客廳，靜靜等他們吃完飯，整個畫面非常尷尬不協調。

客戶用餐完畢，太太切了水果端到客廳桌上，招呼我說：「解先生，不好意思讓你久等，來一起吃水果吧！」

我又想起父親告誡過：「出門在外不要麻煩別人。」立刻回：「不用不用，我看你們吃就好。」

此時客戶終於受不了，劈頭就說：「什麼叫看我們吃就好，你把我們當猴子嗎？」

這兩位客戶最後沒能簽單成交，現在回想起來原因很明顯，我那些回應既僵硬又不自然，更別提對話是要有溫度的，不能盡是在製造距離，而銷售要做好，必須懂得如何與人拉近距離！

銷售維他命

應對進退，才是真智慧。

曾看過一則科學實證的研究報導，人能夠在〇‧〇五秒的瞬間，判斷出自己喜不喜歡對方。這個概念告訴銷售人員：一開始就要贏得客戶的好感，很重要。

好感程度將決定客戶接納你與否，而客戶會不會對你敞開心胸，又取決於你與客戶接觸時，應對進退是否合宜。

心法一：落落大方的態度

在銷售拜訪的時候，別說你會緊張，客戶也同樣有防備心，會對銷售人的表情、談吐和總體性格打分數。個性拘謹的我，在從事好一段時間的銷售工作後，深刻體會到落落大方的態度，是客戶判斷一位銷售人員好親近與否的重要指標。

當客戶好心問我們要不要喝水，落落大方的銷售人會說：「太好了，我才正想跟您開口呢！」

客戶熱情邀請我們一塊用餐吃飯，可以更大方自在地說：「一進門就聞到飯菜香了，能夠品嚐到真是我的口福啊！」

在待人接物上落落大方，可以自在地與客戶交流，客戶不但有成就感，還看到你的真情流露，就能為人與人之間的互動加溫。

心法二：用心在意的展現

想贏得好感還有一個關鍵，就是要能讓客戶感覺到你的在意與重視。這包括彼此眼神的接觸、耐心傾聽、適當回應，甚至當客戶講到關鍵處適時的重復，藉由這些小動作，讓客戶感受到你在專心傾聽。每個客戶都喜歡重視他講話的銷售人。

同時，頂尖銷售人還必須具備敏銳的觀察力，與人互動的過程中，透過觀察力的展現，讓客戶感受到你是真心互動，不是只流於客套形式，如此才能快速跟客戶產生連結，並建立信任。

每次到客戶家拜訪，在門口換室內拖鞋的時候，我會觀察客戶的鞋櫃有什麼樣的鞋子，推測客戶家有幾口人。如果留意到有運動鞋，那是慢跑鞋、登山鞋、籃球鞋、高爾夫球鞋還是單車專用的卡鞋？我還沒和客戶說上話，就能從鞋子看出對方的興趣，接下來投其所好地問：「剛剛進門的時候，發現您喜歡登山，平常都走哪些路線啊？」氣氛一下子就熱絡起來了。

有人說：「可是我不習慣這樣觀察別人，感覺很冒昧耶！」

如果以男女之間的交往來比喻，當你真心想認識對方，好奇心就會油然而生。這種在意的態度運用到銷售工作上，你會想知道客戶「為什麼選擇現在的工作？」「喜歡貓還是狗？」「家裡有那些人？」以及更多對方沒主動說出來的事。

而培養觀察力有個方法，就是把客戶當朋友來認識，讓彼此之間不僅是商業的關係而已。一旦從結識朋友的態度出發，自然而然會想多了解、多關心對方，雖然只是心境上的小改變，卻能大幅提升你在客戶眼中的好感度。

心法三：給予實質的讚美

以前我誤解了讚美，以為是表面的形式、恭維的客套話，但隨著接觸的客戶越來越多，我驚覺讚美的力量無比強大溫暖，能軟化原本封閉的心，快速拉近人與人的距離！

有一次我去百貨公司挑選領帶，放眼望去男士部門的專櫃感覺都差不多，正不知道從何入手，一名櫃姐忽然稱讚我：「先

生，男生很少像你一樣皮膚白。」我有點意外，隨口謝了一聲，櫃姐緊接著說：「男生皮膚白，穿什麼都好看。我們這邊有新款，要不要試試看？」我因為櫃姐的讚美而駐足，買了好幾條領帶。

在此提醒一點，讚美有個小技巧，就是要具體，例如櫃姐說的「皮膚白」，所以請細心觀察聆聽，找出客戶值得你讚美的地方。

讚美的力量有多大？有位銷售前輩這麼說：「年輕人學著點，嘴巴甜一點才能得人緣。得了人緣，訂單就不用愁，得不著人緣，業績燒眉頭。」

客戶會根據接觸拜訪時的第一印象判斷，銷售人的性格是否大方開朗？是真心互動還是另有所思？不自覺地對你有不錯的好感度，還是想要保持距離？

就算我們有專業的知識、很好的產品，假如無法與客戶拉近距離，甚至顯得格格不入，彷彿是來自不同世界的人，那接下來什麼都甭談了。

人在社會上行走，懂得應對進退，才是真智慧。請善用好奇心、展現落落大方的態度，適時發揮讚美的力量，掌握給人好感〇・〇五秒的關鍵瞬間，與客戶交友又交心！

3-6　接觸妙方，先了解客戶情況

超業只賣能解決客戶問題的方案

　　對一位職業講師來說，簡報筆是很重要的工具。它會影響演講進行的節奏、流暢度。某一天我發現當時使用的簡報筆有一些小狀況，這可是影響講師專業的大事，於是我專程去台北的商場選購。

　　第一間店展示了各種廠牌的簡報筆，我不知如何分辨它們的差別，於是詢問店員，年輕店員酷酷地回應我：「差異其實就是廠牌不同而已，要挑很簡單，看你喜歡哪一隻的外型。」

　　我有點傻眼：「真的只有外型有差？」

　　「對呀，每支功能其實都差不多。」

　　聽到這樣的回答，我覺得這位銷售員不是很專業，貨比三家不吃虧，我決定到別間去看看。

　　來到第二間商店，親切的店員建議我：「如果真的不知道怎麼選，就挑品牌最大的。」他順手拿起某知名品牌的產品給我看，我仔細看過產品規格，發現這款簡報筆並沒有註明可以

支援 mac OS 系統。

「哦，你是蘋果系統要用的，這款確實不能支援。」店員一拍腦袋：「我挑另一隻給你吧。」

「那不就還好我有主動提？」我心裡一邊嘀咕，接過店員推薦的另一款簡報筆，看到能支援 mac OS 系統後，我進一步詢問：「這款簡報筆的雷射穿透距離有多遠？」

「這我就不知道了，我也沒用過。」

第二家店員的表現，也沒能讓我安心選購，保險起見還是再換一家，到了第三家店，店員看到我的穿著打扮，又聽見我需要能支援 mac OS 系統的簡報筆後，主動寒暄並問：「聽您的需求，感覺您常常需要上台做簡報，您是職業講師嗎？」

「先生，先請教您平常做簡報，是在教室裡面，還是大舞台、會場上？」

「在做簡報的時候，需要到處走動嗎？教室內的樑柱多嗎？講台上的光源複雜嗎？」

經過十分鐘的對話，店員拿出一款簡報筆：「解先生，根據您的情況，這款簡報筆可以滿足您的需求，只是它的單價也比較高，您能接受嗎？」

這位店員專業的解說，讓我不計單價，安心購買了這款簡報筆。

銷售維他命

你的作為與表現，決定了你在他人眼中的形象。

你是產品推銷員，還是專業的銷售人？這兩者間最大的區別，是推銷員一味想將手上的產品賣掉；而專業的銷售人知道，他的存在是為了解決客戶的問題。

明明是客戶主動上門，為什麼會掉頭離去？好不容易爭取見面的客戶，為什麼會不想繼續聊下去？那是因為客戶發現你只會介紹產品，只會講價錢、談促銷，但「根本不懂我」，自然別提客戶會信賴你能解決他的問題。

頂尖超業在銷售接觸的一開始，不會急著介紹自己的產品，而是會用心地了解客戶，進而建立共識，還會主動探尋客戶意願。

例如開場故事中第三位銷售員，他讓我感覺到他的專業，日後當我遇到 3C 用品的問題時，都習慣到這間店、找這位銷售員。因為他讓我感受到他是有經驗的、講的確實可信，聽他的專業推薦準沒錯。每當周遭朋友有關於 3C 用品的問題，我都推薦這位銷售員給他們。

從銷售的一開始就做對，不但贏得客戶信任，還能大幅增加銷售的成功率，甚至贏得客戶尊敬。

還沒了解，就別急著介紹

如果你去看醫生，醫生問你怎麼了，你說：「我好像感冒了。」醫生說：「那簡單，開個感冒藥給你就可以了，記得多喝水。下一位病人請進！」

換一位醫生，他告訴你：「我先幫你檢查。」於是用聽診器聽胸腔、要求你張口檢查喉嚨，然後詢問最近還出現哪些症狀？過去有這樣的經驗嗎？在經過一番確認之後，才給你下了處方藥。

兩相對照很明顯，你一定覺得第二位醫生比較值得信賴，因為他有先了解你的真實狀況。

醫病關係如此，銷售也是如此。許多銷售夥伴混淆了接觸拜訪的目的，甚至期盼著拜訪就能讓客戶買單成交，卻不多加聞問客戶的考量、困難、問題與需求。這樣如何將自己的產品銷售出去呢？

想要真正的了解客戶，請先釐清這些問題：你知道客戶的現況嗎？客戶可能面臨的問題、考量是什麼？他對這項商品的期待？他過去是否有購買類似產品的經驗？

透過一連串的主動探尋，了解客戶的真實處境和需求，接下來所提供的產品建議，才變得有意義。

建立共識，有效釐清問題

了解了客戶的需求之後，客戶心裡面可能還存在著一些疑問或想法，為了有效解決這些疑問、想法能，頂尖銷售人會進一步跟客戶建立共識。

例如在開場故事中，第三位店員這樣與我建立共識：

「先生，如果只是為了一般的簡報場合，其實大部分的簡報筆都能夠滿足這些需求，而且它們的價格比較親民。但如果是為了專業的簡報場合，就要考慮到更細微的功率差異，兩者在價格上會有差異。」

「剛聽完您的情況，您需要的是專業型的簡報筆，沒錯吧？」

經過他這樣解說後，我更確認了自己的購買需求，就是一支專業型的簡報筆，完全打消我還想看看其他較便宜款式的念頭，專心地繼續聽他推薦介紹。

探尋意願，提供適切建議

頂尖銷售人了解客戶的真實處境、建立共識之後，還會進一步探尋。就像醫生確認症狀之後，會主動詢問病人：「能接受打針嗎？如果不希望打針，是不是就選擇吞藥錠？」

探尋意願，不是為了說服客戶非買這個產品不可，而是要找到最適合客戶的建議。

例如開場故事中，第三位店員介紹我一款高單價的專業簡報筆：

「先生，根據您的情況，這款簡報筆可以滿足您的需求。它適用各式大小簡報場域，不用擔心不同會場的燈源、樑柱干擾，也能讓您在演講時靈敏自在地操控，發揮各式簡報效果……，只是它的單價比較高，您能接受嗎？」

有可能經過探尋客戶意願之後，客戶雖無法接受您的建議，但也知道原因在哪，轉而尋求其他替代方案；或是經過探尋客戶意願之後，客戶採納了你的建議，而且買的心甘情願，因為您的表現是「為他著想」。

千萬不要在接觸拜訪的一開始，就急著介紹你的產品，那只會讓你看起來像是一個賣產品的推銷員。

釐清客戶的情況、真實需求，不只能滿足客戶，還會讓對方肯定你的專業。畢竟，客戶買的不光是產品，而是問題的解決方案。

3-7　專業，就是要更「有料」

抓住寶貴機會，大方自信，展現專業

　　我團隊裡有位夥伴，某天希望我陪他去拜訪客戶，並給予一些銷售上的觀察與回饋。

　　我認為陪夥伴去拜訪當然沒問題，但客戶當初是由夥伴開發接觸的，為了避免突兀感，或是帶給客戶不必要的壓力和猜忌，談話過程由夥伴來主導，我就在旁觀察。

　　見到了客戶，夥伴簡單地寒暄問候，並介紹過我。

　　客戶是位老闆，很客氣地倒咖啡茶水招呼我們。三人一坐下，客戶單刀直入地問：「今天來主要是為了？」

　　夥伴沒正面回答這個問題，而是先開啟閒聊模式：「董事長，之前跟您聯繫過幾次，發現您很健談，就想說找個時間過來看看您——」

　　「哇，您的辦公室好氣派啊！辦公室這個地段很好耶，交通又方便……」

　　「之前我看網路報導，這附近有一間很有名的排骨飯……」

「董事長，您在這個產業很久了吧？您一定非常成功。」

這樣天南地北確實也有說有笑，聊了大半個小時，客戶起身說對不起，要去一趟洗手間。

趁這段空檔，我提醒夥伴：「都已經聊了大半個小時了，你怎麼還沒講今天我們來的目的？」

夥伴表示，等對方回來就會提。過了兩分鐘客戶回到辦公室，看著手錶說：「不好意思，我待會還有一個會議要開，我得先去準備，咱們有機會下次再聊。」

董事長送客的意思很明顯，另外附送我們一人一袋伴手禮，我們也只能起身告辭了。

走出客戶的辦公室，我問這位夥伴，大半個小時，怎麼都沒提到重點？

「老大，我想說要跟王董拉近距離啊！哪知道他還有會議要開。」這位夥伴樂觀地說：「沒關係，反正剛剛感覺聊得不錯，而且董事長還這麼客氣，特別送我們伴手禮，我想他對我的印象應該不錯，我下回再來拜訪他。」

過了一段時間，我關心這位夥伴後續進展的如何？他說很奇怪，這位董事長怎麼約都約不到了，問題究竟出在哪裡？

銷售維他命

專業就是能直指重點、引導進入主題，不會拐彎抹角。

好不容易爭取到拜訪客戶的機會，最怕三件事：一是沒自信，二是沒料，三是沒專業。

客戶會從你的言談舉止觀察：這個銷售人是充滿自信，還是膽怯心虛？這個銷售人是言之有物，還是在東聊西扯？這個銷售人是展現專業，還是不過爾爾？在關鍵時刻沒有好表現，恐怕會讓費盡千辛萬苦拿到的入場券等同作廢。

試想，一個銷售人，無法讓客戶感覺到自信、有料、專業，對方怎麼會有興致跟你聊下去呢？

先有自信，客戶才會對你有期待

接觸見面的一開始，當然要先寒暄問候，而過程中，其實客戶就已經在評估你，心裡也在想：「這個人今天來是為了什麼？這場會面值得期待嗎？」

開場白一：「今天來拜訪您，就是想說來看看您……」

開場白二：「王董，今天專程來拜訪您，一是跟您交流，二是跟您分享我們公司能提供的服務，說不定能碰撞出一些火花呢！」

你覺得哪一種開場白展現了大方自信？

充分準備，客戶才會覺得你「有料」

見到客戶，你已經準備好要聊什麼？還是漫無目的東聊西扯？

這幾年我在企業輔導的過程中，許多主管反應，現在的銷售新人普遍外貌得體、態度有禮，但最常見的問題竟然是「見到客戶，不知道該聊什麼」。

通常只要找到與對方有共同點、共同興趣，就可以自然地聊下去，例如：「原來董事長您也喜歡打高爾夫球啊？」

但不少銷售新人礙於人生經驗不足，完全找不到自己和客戶有任何共同點，對此叫苦連天：「和客戶聊興趣嘛，我們沒有共同的興趣；聊經歷嘛，我跟客戶的背景差了十萬八千里，這是能聊什麼？又要從哪裡準備起？」

沒共同點，也可以試著請教交流：「您這個產業，應該面臨到不少轉型的挑戰吧？」「您對於退休規劃有什麼想法？」

順著話題，你可以跟客戶分享自己的專業見解：「面對這樣的問題，我們公司最好的解決方案是……您認為呢？您怎麼看？」

初次接觸交流的過程中，讓客戶感覺到你這個銷售人挺有料、有想法，才會相信你能帶給他不同收穫，於是更加願意跟你互動下去。

值得注意的是，有些銷售夥伴如同開場故事一樣，過度曲解「以寒暄問候來拉近客戶的距離」，以為彼此聊得開心、有說有笑，就能夠建立信任。

時間就是金錢，無事不登三寶殿，聊天沒方向、沒主題，客戶會覺得你在浪費他的時間，你必須適時展現專業。

展現專業，客戶才會信賴你

什麼是專業銷售的表現？就是能直指重點、進入主題，不會拐彎抹角。

有些銷售夥伴想太多，認為套交情時談生意，好尷尬啊！如果講話太直接，嚇跑對方怎麼辦？事實上在你邀約客戶的時候，客戶已經知道你代表公司負責銷售業務工作，見面後彼此交換名片，多少清楚你的來意。

與其像開場故事裡，和客戶拐彎抹角大半個小時，還不如主動表明這次拜訪的目的：「董事長，您知道我們公司有為客戶提供資產規劃的方案與建議，這次拜訪您，就是想了解您這方面的想法……」

別擔心這樣的直白會嚇跑客戶，正因為你能在適當時機切入拜訪主題，解決客戶的糾結和疑慮，幫忙他做重要的決定，客戶反倒覺得你是有經驗的，你的專業值得信賴。

我們常常抱怨「沒機會」，而更多時候是機會來臨卻沒能把握。

綜藝大姐大張小燕曾經說：「人，真的不要想太多，反正就是去做，做了就有一分。你做，才有一分；你不做，就連一分也沒有。」

展現自信、充分準備、呈現專業，相信你能穿越應對進退的雷區，展現出最好、最值得客戶信賴的自己。

3-8　增加行動，練就銷售技術

唯有行動，才能累積經驗、形成模式、成功複製

　　三位新人來銷售部門報到，其中一位每天都有問不完的問題，有時跟前輩們請教，一聊就是整個下午，再不然相同的問題問了五、六個人。我瞧他一直待在公司裡，忍不住問他：「怎麼不到市場上歷練一下，邊做邊學不是更快嗎？」他說：「我想先準備好再出門。」

　　第二位很擅長收集資料，每天都會跟前輩們要資料，然後整理、建檔，做成精美的銷售展示夾。整個部門都很佩服他的用心，我也讚嘆地問說：「這麼精美的展售夾光看就知道很花功夫，拿去給客戶看時，他們有沒有大為稱讚？」

　　第二位新人表示，製作這份展售夾花了他三個星期，白天在公司收集資料，晚上回家還繼續整理。但是他仍覺得不夠好：「還可以做得更棒，再拿去跟客戶介紹。」

　　第三位新人每天都有拜訪活動，回到公司後，也會帶著客戶的問題來請教。但是我發現，每次提到的客戶都是同樣的幾

個人。我有點擔心:「這幾位客戶我們已經討論過幾次了,真沒下文的話,你要不要去拜訪其他人?」

第三位新人回答:「這幾個人是我最親近的朋友,必須讓他們先成交,然後再去拓展他們的朋友圈……」

問題是,現實狀況並不會等人準備好,這三位新人做銷售不到三個月,都陣亡離職了。

銷售維他命

> 就算閉門能造車,也練不出技術。

對照開場故事的新人離職場景,許多業務團隊卻有相反案例,新人的業績表現比單位裡面的老鳥更好。明明他們的產品知識沒有老鳥熟悉,說話技巧沒有老鳥老練,與人的應對進退也沒有老鳥圓滑周到,憑什麼他們能贏過老鳥?

理由很簡單:初生之犢不畏虎。有的新人剛踏入這個行業,一股腦地投入客戶開發,滿腔熱血地去行動,因而有亮眼的成績,讓許多老鳥驚豔。所以我總是鼓勵銷售夥伴多行動,增加了行動量、邊做邊學,技術就可以練出來!

行動,是學習的加速器

新人不斷發問,往好處看是求知若渴,但問再多也還是停

留在紙上談兵，要去市場實戰才能證明有沒有用。飽覽資料、扎實的準備當然重要，但要怎麼確認今天是「準備好的一天」？更殘酷的是，那一天到來時，自己還存活在銷售市場上嗎？

當年我還是個菜鳥時，為了要讓自己進步，也方便事後檢討，我去買了一台小型錄音機，並且告訴客戶：「我的經驗比較不豐富，為了能夠確實理解您的意思，我想把我們的對話錄下來，之後好整理出與您討論的事項。」客戶同意後，我就按下錄音鍵，然後在開車的時候放出來聽。

藉由聆聽錄音，自己才驚覺：「我怎麼把話講成這樣？難怪對方臉色難看。」「我居然在關鍵時刻詞窮，客戶當然也很尷尬，覺得和我聊不來……」正是在不斷的自我檢視過程中找到修正方向，這些都成了幫助我成長的最佳活教材。

現在科技越來越進步，錄音筆、智慧型手機都是很好的工具。重點是透過邊做邊學邊修正，誠如我在課堂上常說的：「邊做邊修正，才是學習的加速器。」

行動，就是一條捷徑

在銷售課程當中常有夥伴問我：「成功是不是有捷徑？」

「滴水可穿石」的道理小孩子都懂，可是為什麼我們常常「三天打魚、兩天曬網」？甚至到了業績火燒屁股的時候，才開始想現在能去拜訪誰？如果成功真有捷徑的話，我會說那肯定就是「大量的行動」。唯有透過大量的行動，才能達到人脈、

經驗、財富的累積，只要不斷地累積就等於踏上捷徑。

人脈的累積：藉由廣結善緣、大量開發，每天投入市場認識人，每一個見到的客戶都潛藏著銷售機會。就算今天拜訪的客戶沒有需要，也能從他周遭延伸新的可能性，而人脈的累積，前提就是要不斷地行動。

經驗的累積：還是菜鳥的時候經驗不足，常錯失許多機會，但我相信，人跌倒多次總有一天能學會站穩的方法；不斷累積才能形成模式，有了模式就可以成功複製。所謂的累積經驗，是建立在大量的行動上。

財富的累積：人脈能累積、經驗能累積，相信離累積財富自然不遠。若是整天空想不行動，就像零乘以任何數字，都還是零。

行動，才能找到你的舞台

巴菲特在個人傳記《雪球》中提到：「人生就像雪球，重要的是找到濕的雪，和一道長長的山坡。」

在開場故事中，第三位新人沒有找到自己的長山坡，老是繞著親近的朋友打轉，又欠缺認識新朋友的能力，不就等於命運掌握在那幾個朋友的手裡了嗎？最後當然只能黯然離職。

英雄最怕無用武之地，銷售人最怕沒客戶可以拜訪。因此，銷售人必須具備開發市場、大量爭取接觸拜訪的能力，一旦喪失這個能力，就像巨星失去了舞台、英雄失去了戰場，變得一

文不值。

分享我很喜歡的一段格言：「什麼也取代不了行動——聰明才智不能，具有才智的失敗者比比皆是；天才不能，也有天才是終生潦倒，不被認同；教育不能，世上有太多受過高等教育的人，始終沒有實現自己的人生目標。」什麼才能帶領我們前進呢？只有行動，而且是大量的行動。

人會跌倒，但千萬不能在同一個地方一直跌倒，那樣叫做不長進。增加行動量、隨時自我檢視，銷售技術自然就會練出來。

筆 記 欄

4

秀出產品

銷售場上的競爭有多激烈？

光是從產品的同質性越來越高、差異越來越來越小，

就能感受得到。

在銷售場上有各式的銷售人，

如何知道，哪些是超級業務，

而哪些就只是一般銷售業務？

有個很簡單的方式：

只要觀察他是不是一開口就介紹產品，就能得知。

產品導向的時代早已過氣，頂尖超業都有這樣的認知：

「產品只是一個工具，真正銷售的是解決客戶問題、

滿足客戶期待。」

也因此，頂尖超業不會將產品當武器；

而是從了解客戶出發、用心察覺，

同時還反問自己：「客戶真的需要我的產品嗎？」

頂尖超業知道：「當客戶有了需求，產品才有意義。」

所以他們花更多的時間了解客戶，這比介紹產品更為重要。

頂尖超業知道：

「客戶要的，不是只想買個產品而已。」

所以他們不會看到影子就開槍，

還能挖掘客戶更多的期待。

頂尖超業知道：

「客戶擔心的，不是只有產品、價錢。」

所以他們不會一直跳針地介紹產品，

而是成為解決問題的專家。

頂尖超業知道：

「客戶都討厭推銷員，卻都相信專家顧問。」

所以他們不會把自己定位成業務，

而是讓自己成為專家、達人。

頂尖超業，因為有這些不一樣的思維，

每當他們一秀出產品，就能出手打到。

頂尖超業，因為做了這些不一樣的事，

每次遇到機會，業績產能總是比你高。

4-1　找到銷售切點，勝過介紹產品

從客戶視角出發，才能發現客戶真正要的

我永遠記得從事銷售的第一筆成交訂單。

在我二十歲那年，退伍後踏入保險銷售領域，做了三個月竟然沒能成交一個客戶，連過年回台北的車錢、要包給父母親的紅包都成問題。當下的確很灰心，但無論如何，過年還是得回家看看家人。登上特價時段的深夜巴士時，我還在苦惱怎麼跟父母交代我沒做出成績……，就這樣煩惱著，不知不覺到了台北。

凌晨四點台北市公車還沒發車，坐在客運站候車亭實在太冷了，我只好忍痛招計程車回家。司機大哥一眼看出我是遊子返家，挺熱情地與我攀談：「年輕人在哪一行賺大錢？」

然而一聽到我是「賣保險的」，車內氣氛立刻降到冰點，在不知道還能講什麼的尷尬情況下，我呆呆看著運將大哥熟練地操控方向盤，忽然間我靈機一動，問道：「大哥，你們開計程車的，最大的資產是什麼？」

「不就這台車？」司機大哥冷冷地回答。

「大哥，一台車不過六、七十萬，我倒覺得不是。」

「我知道，你是想要說，我自己才是最大的資產，對不對？」運將大哥說這句話時，已明顯語帶防備。

「大哥，不是啦，我感覺得出來你不喜歡聽保險推銷，剛剛我很認真地看你開車並觀察到，你最大的資產應該是你的左腳。」

司機傻眼了，我接著解釋：「因為一旦你的左腳扭到，沒辦法踩離合器，就算是超跑也開不出去，更別提出門賺錢了啊！」

這時司機沉思了一會，主動跟我聊了起來：「啊，你們有賣保腳的保險嗎？」

「腳的保險，是超級名模在保的，大哥你沒辦法買那種，但是我們有更完善的失能險……」

當我到家下車時，司機大哥主動拿起紙筆將他的聯絡電話、出生年月日留給我，希望我在兩天內給他相關資料。就因為我關照到司機大哥的「黃金左腳」，四天後我回高雄時，意想不到地帶回了人生第一份成交訂單。

銷售維他命

銷售成交的鑰匙：找到銷售切點。

投入銷售領域二十五年，目前擔任講師與企業顧問的我，專門為各大公司進行教育訓練、編訂銷售表達的相關教材，常有學員問我：「Herbert 老師，我該如何介紹產品，才能讓客戶一聽就想買？」而我總會這樣回答：「有沒有找到銷售切點，比介紹產品更重要。」

大家一定都看過籃球比賽，專業球員努力尋找對方防守的漏洞，然後趁空檔進攻得分。如果一個人上場，拿到球不管三七二十一就出手，天真地以為反正有投籃就有機會，那恐怕會變成大笑話，在銷售場上也是相同的道理。

沒看到切點，難怪給你白眼

剛從事銷售業務時，我隻身到人生地不熟的高雄，每天認真地進行陌生拜訪。

每次一見到客戶，我就會很熟練地搬出主管教我的說詞：「先生，我是○○公司的解世博，這裡有份資料提供給您，我覺得您有需要瞭解一下……」

「小姐您好，我是○○公司的解世博，我們公司有份儲蓄險，我覺得很適合您……」

我一天拜訪五、六十位客戶都不成問題，一個月下來，少說也拜訪了幾百位，卻沒一個人對我的產品有興趣，問題到底出在哪裡？

事後檢討起來才發現，我總是將「我覺得」掛在嘴邊，我

覺得別人有需要、應該要了解一下這項商品，並不代表對方也這麼想啊！我還不死心地想說服客戶：「這產品這麼棒，您不想多了解一下，會很可惜的！」客戶多半在心裡嘀咕：「你自己慢慢可惜吧！」

你以為的「客戶有需要」，就是客戶的「真需要」嗎？還是你抱著看到人就介紹產品的想法，反正「有講有機會」？

所謂的切點，就是客戶的需求點：可以解決客戶的痛，或是實現客戶的夢。找到切點，就像拿了把對的鑰匙，輕鬆就能打開客戶的心門；反觀亂槍打鳥的方式，完全不去理解客戶的需求點，只用產品導向的銷售方式，也難怪客戶會翻白眼，所以介紹產品時，必須要先放下銷售人的本位主義。

從客戶視角出發，才容易發現切點

在開場故事中，司機大哥一聽到我從事保險銷售，臉上明顯表現出對保險的排斥。他每天載那麼多客人，肯定碰過其他保險銷售員。那些同行也一定向他提過保險的意義與功能，我再重複同樣的話，也只是多餘，若此時我還自顧自地說下去：「我們公司的保險真的不一樣……」他會連聽的興趣都沒有，甚至覺得我跟那些傢伙沒兩樣。

從司機大哥視角出發試想，他最關心的，難道是每天能載更多的客人嗎？這個推測不太對，每天開車工作的時間有上限，能載的客人也就有限，只要他每天都出門開車，就能載客並有

收入，除非有一天，他想出門賺錢，卻開不了車。

什麼時候會發生「想出門賺錢，卻開不了車」的狀況呢？當銷售人員試著從客戶視角思考，才有可能看到連客戶自己都沒發現的問題。試著模擬下面三種場景：

場景一

如果我這麼說：「若發生重大事故，例如重疾、重症或是意外傷殘，就無法出門賺錢了，這時家中經濟怎麼辦？」

司機大哥會想：「喜氣洋洋的過年期間，聽到這麼晦氣的事情真不開心！而且好多保險業務員都用這一招嚇人，我實在聽膩了！」

這不是好的切入點。

場景二

如果我這麼說：「生財工具的計程車壞了，想出門賺錢時沒車開，不是賺不到錢了嗎？」

司機大哥會想：「計程車都有投保產物險，萬一車子真的出了什麼狀況也會有車險補償，況且就算不能開這台車，也能租其他車來開。」

因此這也不是好的切入點。

場景三

　　如果我這麼說：「扭到腳時連自排車都難以上下自如，更別提需要左右腳並用的手排車了，右腳踩油門，左腳還必須踩離合器。若有一隻腳扭到，不能踩離合器或是油門，那不是連換檔都成問題？就算再好的車子也跑不了。」

　　司機大哥會想：「真的耶！只要腳扭到，少說一個星期不能行走、出門，硬要行走只會更難復原……，我怎麼沒想到這個問題呢？」

　　相較之下，這個切入點可以解決客戶的痛。

　　於是，我問司機大哥：「大哥，您一定有扭到腳的經驗吧？」我接著說：「如果有一天不小心扭到了腳，想開車賺錢，卻出不了門，那收入的損失怎麼彌補？」這句話成功引起了他的興趣。

　　從客戶視角出發，去看待客戶真正關心的事，才能打到需求點，並激發起客戶的興趣，願意主動了解產品。

　　有了這次的成交經驗，我擺脫之前產品導向式的死纏爛打，每次見到客戶時，不再滿腦子想著如何開口聊產品、介紹產品功能，而是努力在互動中觀察思考，這位客戶的需求點是什麼？我的銷售切入點在哪裡？換位思考後，從客戶視角出發，才有可能發現客戶真正關心的問題，銷售的切入點自然會浮出檯面。

　　當找到了客戶的需求點，就像阿基米德提過的槓桿原理，找到了支點就能輕鬆舉起，成交完全不費力。頂尖超業們絕不

會靠介紹產品來說服客戶，而是會努力挖掘客戶需求、尋找銷
售切點，讓客戶「成交自己」。

筆記欄

4-2　秀出產品前，先搞懂這些

自問三個為什麼，釐清客戶的需要和想要

　　在我成為職業銷售講師後，接到不少出版社編輯的詢問：「解老師，你做銷售這麼有成績，又指導過這麼多學員，有沒有出書的想法呢？」

　　「暫時沒有這個計劃。」

　　此時，出版界的朋友就會說出許多試圖說服我的理由：「出書的好處可多了！您將會有版稅的被動式收入，還能帶動您的演講課程……」

　　這些出書的好處我都知道，不過可惜沒能打動我。

　　我平常忙著銷售訓練課程，每天都跟銷售夥伴一起打拚，有機會收集到許多素材、靈感和一堆說不完的銷售故事，如果要我在粉絲團發一些隨筆是沒有問題的，但要寫數千字的長文、數萬字的專書，確實會擔心心有餘而力不足。我覺得用演講、授課的方式，比較熟悉也更符合自己的風格。

　　直到幾年前，清涼音文化事業的洪木興社長開了口：「解

老師，請問你今年貴庚？」當時我四十二、三歲，洪社長點點頭，接著說：「解老師，你相信嗎？你人生最輝煌的時刻，就是這十年。」

洪社長的一番話，真讓我心有戚戚焉，即使這是我們第一次見面，光這句話就讓我很有感覺，讓我更好奇想聽聽洪社長接下來的話。

「既然四十幾歲到五十幾歲，是人生最輝煌的年紀，你有沒有想過在人生最輝煌的時候，留下一些生命紀錄？」洪社長提議：「解老師，我邀請你來清涼音出版有聲書，過了十年、二十年之後，它們將會成為你的生命紀錄。」

哇，留下生命紀錄！身為兩個兒子的父親，我當然希望孩子們長大後提起我，能夠驕傲地說：「我的爸爸是解世博！」於是我立刻答應洪社長，連版稅細節都沒在意過問。

因為洪社長這番話，我在近幾年陸續完成了「銷售贏家」、「行銷表達力」這兩大系列，共六套有聲書作品，過程雖然辛苦，但是我樂此不疲，因為我知道，這是為了留下我的生命紀錄！

銷售維他命

滿足了客戶的「需要」與「想要」，產品、提案才能熱銷。

清涼音的洪社長在銷售合作提案上，完全是頂尖超業的典

範，這也點出很多銷售夥伴的盲點——錯把銷售當作是一場「說服角力」。

當我們試圖說服客戶聆聽我們介紹產品，這樣步步逼近的方法，往往到頭來只換得更多的爭辯，就算客戶勉強聽完產品的介紹，也不見得會心服口服地買單。

值得注意的是，客戶的需求又分為「需要」和「想要」兩個部分。我口渴了，必須喝水，這叫做「需要」；我想喝到純淨健康的水，這叫做「想要」，如果銷售夥伴沒辦法發現客戶的「需要」或「想要」，即使把產品的優點講得天花亂墜，也是緣木求魚。

釐清客戶需求，先問自己三個為什麼

在開口介紹產品之前，你有沒有先思考：「我有一個好產品，要怎麼讓客戶買單？如何引導客戶購買？」建議你在每次秀出產品之前，都要試著問自己以下三個「為什麼」：

一、為什麼客戶需要我的產品？
二、為什麼我的產品能滿足客戶的期待？
三、為什麼我的產品是客戶最佳選擇？

舉個例子，從台北到高雄有很多交通方式，客戶可以搭客運、火車、高鐵，也可以自己開車，有四種方案可以選擇。

負責銷售交通票券的你，知道客戶為什麼要去高雄嗎？你能在同類型的產品中，找出最適合客戶的那一種嗎？

以價格而言，當然是客運最便宜，一趟可能只要新台幣四百到五百多元；而速度最快的高鐵，票價也最貴，來回票將近新台幣三千元。

今天客戶是一位商務人士，趕到高雄是為了成交一筆生意、拿到一個合約，你對客戶強調客運多麼便宜，有意義嗎？

「客運的車票明明很便宜，才四、五百塊，是最經濟實惠的選擇了！為什麼客運方案這麼好，客戶卻不買單呢？」如果你為此感到疑惑，那就是徹底忽略客戶的真正需求了，因為迅速快捷的高鐵才是商務人士的最佳選擇。

這也是為什麼每次銷售夥伴出門提案前，我都會要求他們先沙盤推演，用自問自答的方式，回答這三個「為什麼」：

第一個為什麼：「為什麼客戶需要我的產品？」

例如：「客戶已經有很多保險規劃了，為什麼還需要我的這份規劃？」

回答可以是：因為藉由我的這份保險規劃，能讓客戶的保障更全面。

第二個為什麼：「為什麼我的產品（建議）能滿足客戶的期待？」

例如：「當客戶定期定額投資我推薦的這檔基金，為什能滿足他的期待？」

回答可以是：「因為在全球市場不景氣的時候，客戶能充分避險，達到資產保全。」

第三個為什麼：「為什麼我的產品是客戶最佳選擇？」

例如：「客戶想要擁有健康美麗，可以選擇其他健康食品，為什麼購買我的產品是客戶的最佳選擇？」

回答可以是：「因為我的產品採用天然萃取物，並有多項國際食品認證，能讓客戶不用擔心副作用，即可擁有美麗健康。」

產品只是工具，存在的目的是滿足客戶需求，符合客戶真正的需要。如果銷售夥伴不去確認客戶需求，只顧著講自己的，好產品也會滯銷！

介紹產品、提案，不能只靠一張嘴，而是要以滿足客戶為優先，結合客戶的利益，銷售人才能贏得尊敬和信任。

自問：「為什麼客戶需要我的產品？」「為什麼我的產品能滿足客戶的期待？」「為什麼我的產品是客戶最佳選擇？」用這三個「為什麼」，釐清客戶的需求，滿足客戶的「需要」和「想要」，客戶自然會心甘情願地跟你買單。

4-3　全盤了解，就能擴大契機

善用提問，成為專家顧問

有一回我頭痛，便繞進一間藥妝店買止痛藥。才踏進店門，就看到整個櫃子不同廠牌、各式各樣的頭痛藥，「這麼多種頭痛藥有什麼差別啊？」我的選擇障礙發作，便轉身請教門市銷售人員，請他推薦能有效舒緩症狀，但藥效不會太強的品牌。店員介紹的同時，也留意了我的狀況，他問：「這位先生，你平常有抽菸的習慣嗎？」我說對，他提醒我要是頭痛的話，菸還是少抽一點好，接著他說：「對了，先生，如果常頭痛又有抽菸的話，建議你可以多帶一個綠油精。」

「為什麼要抹綠油精？」在我的觀念中，綠油精是暈車不舒服，或是需要提神的時候用的。

「你知道嗎？吸菸這個習慣容易引發偏頭痛呢！這是醫學證實的，而且頭痛的時候除了吃止痛藥之外，抹一抹綠油精也可以舒緩疼痛。」店員繼續解釋：「綠油精對抽菸的人來說還有一個好處，就是下回犯菸癮的時候，把它抹在人中附近，整

個清涼的感覺竄上鼻腔裡面，可以打消抽菸的念頭。」

「哇，原來綠油精還可以這樣用，我現在才知道！」

「另外請問先生，你平常睡得好嗎？」店員不只介紹了綠油精，接下來他又告訴我：「睡眠品質差，也是造成頭痛的另一個主要原因呢！但現代人的睡眠品質幾乎都不好……」

就這樣，才短短三十分鐘，我原本只是要買頭痛藥，卻在這位店員的介紹下，一共買了新台幣三千多元的產品，還親眼見識到一位能創造舊產品的新賣點，並將客戶需求做大做深的銷售高手。

銷售維他命

能夠成為專家、顧問，就別再當推銷員！

相信很多人都有類似的經驗，原本出門只是為了買某一個產品，最後卻提了大包小包回家。除了怪自己腦波太弱容易被說服之外，換個角度思考，這些頂尖超業們到底對我們做了哪些事？其實，他們不但滿足了客戶的「需要」，還能進一步銷售更多「想要」給客戶。為什麼他們能看到更深一層的銷售契機，比其他銷售夥伴創造出更大的業績？

要知道，客戶的需求如同一座冰山，浮現在海平面上的是看得到的「需要」，但那只占冰山體積的十分之一，而大多數

人沒看到的、更大的銷售契機,是藏在水面下的「想要」。頂尖超業不會只看到客戶的「需要」表象,他們沉穩而有耐心,會透過關心對方並善用提問,去探詢客戶內心「想要」的更大商機。

別見到影子就開槍

銷售產品最常見的問題是「見到影子就開槍」。看到客戶臉上冒了一顆痘痘,就猴急地遊說對方:「你需要我的保健食品!」看到一個孕婦挺著大肚子,就直盯著對方的肚子,滿腦子想著如何賣她嬰幼兒產品。這樣的做法,就跟頭痛醫頭、腳痛醫腳的江湖術士沒有兩樣。在客戶眼中,你就只是銷售產品的傢伙,還會因此而錯失更多銷售契機。

全盤了解,才能釐清真問題

事實上,客戶未必清楚知道自己的真正需求是什麼。就像在開場故事中,我以為自己需要的只是一顆頭痛藥,但頭痛問題的根源,可能是睡眠不足,或者是抽煙的習慣所導致。

甚至,有許多銷售夥伴也會將客戶說的「我不需要」信以為真,問題就出在銷售夥伴只聽到客戶的表面說法,卻忘了進一步通盤了解,導致錯判客戶真正需求。

頂尖超業在介紹產品之前,會先運用提問的方法,了解客戶的各式症狀、過往經驗等,協助客戶找出真正的問題與需求,

進而讓客戶信賴自己的專業介紹與建議。

向專業顧問學習，多問一個問題

看清楚客戶需求的全貌，銷售夥伴才能提供最佳建議。就像開場故事的藥妝店銷售員，他除了推薦我適合的頭痛藥之外，還主動詢問：「先生，你平常有抽菸的習慣嗎？」並且問我：「你平常睡得好嗎？」正因為他進一步詢問，繼續探尋海面下的冰山，難怪他能成功銷售出多項產品。

在輔導各產業銷售團隊時，我常建議學員們，別急著推薦產品，應該當客戶的好顧問：「再多問一個問題！」

例如當客戶說：「我需要醫療險。」

這時應該再多問一個問題：「為什麼您覺得自己需要醫療險？」

客戶如果這樣回答：「因為有了醫療險，可以讓我住院生病不用花到自己的錢。」

「除了住院不用花到自己的錢之外，您有沒有想過住院期間薪水的損失？這要如何彌補？」順著客戶的話，你可以再問下一個問題：「除了彌補住院的花費，您有沒有擔心過，若是需要在家休養一段時間，那該怎麼辦？」

經過這一連串的「多問一個問題」，不但逐漸貼近客戶需求的全貌，清楚看到客戶的需要，還能挖掘到更多潛在的契機，提供客戶最佳建議。

　　銷售人要展現的專業，並非一味推銷產品，也不是照單全收客戶口中的最初需求，看到影子就開槍，而是透過關心、探詢、挖掘這一連串的動作，逐步釐清所有可能性，掌握顧客需求的全貌，而不是單點的問題，然後才提出最佳建議，這就是頂尖超業能成交大單的原因。

　　當別人都想推銷東西，你在為客戶探尋真相；別人只是單賣產品，你則是整體規劃，提供客戶全面性的建議；別人只看眼前，你思考長期經營會如何發展。如此一來，你就不再是只會賣產品的推銷員，而是升格成為專家、顧問。

　　別怕問題太多嚇跑客戶，在這一來一往間，客戶會感受到你是真心在幫他釐清問題，和一心只求成交的推銷員不同，就算最後客戶選擇其他更有效益的商品，也會對你的專業表現留下好印象。

筆 記 欄

4-4　想要不等於需要，需要不等於非要

動機和意願，促成決定的關鍵

在我進入保險銷售頭一年，有一位客戶主動跑來找我，並問：「解先生，我想要做儲蓄方面的規劃，你可不可以給我一些建議？或是一份計劃書？」

有客戶上門指名找我，自然是喜出望外，詢問過客戶的預算、年紀、希望哪種領回方式之後，我就按照他的意思，做了一份儲蓄規劃，把計劃書送了過去，客戶也點頭稱是：「聽起來不錯，我回去研究研究，再跟你聯絡。」

我當時心想，這個客戶既然說不錯，肯定下回見面就能簽約成交了！不料，接下來我試著聯絡這位客戶幾次，得到的回應都是：「不急，我有需要會主動跟你聯絡。」

當時我百思不得其解，需求是客戶主動提的，應該十拿九穩會成交，怎麼最後卻不了了之？到底哪裡出了問題？

經過一段時間的沉澱、歷練後，我逐漸發現，就算客戶口頭上說他有「需要」，但他真的「夠想要」嗎？我驚覺自己少

做了兩個關鍵動作，就是「探尋動機」與「探尋意願」，確認客戶的購買動能有多強。

如果時光倒流，我會這麼做——

「謝謝您給我機會，好奇問一下，為什麼您現階段想做儲蓄方面的規劃呢？」

「如果您只是單純地想做儲蓄規劃，有沒有想過，其實有別的方案可以考慮？打個比方，把錢存在銀行、買不動產、投資股票都是方法呀！為什麼您想要選擇保險呢？」

「幫您準備保險計劃書，這絕對沒有問題，不過我冒昧問一下，您除了來了解我們公司的商品外，有沒有同時考慮其他家？」

「如果有的話，您千萬不用客氣，請讓我知道，我可以幫您做一次性的資料蒐集，方便您參考……」

銷售維他命

> 確認了客戶的意願，您的提案、建議才會有意義。

銷售夥伴介紹商品之前，要先能找到銷售的切入點，更進一步看清客戶的需求全貌（「需要」或是「想要」）

但即使做到這兩個動作，還是有可能像這篇開場故事一樣，到最後不了了之。問題就出在於，開口提案、介紹產品之前，

我們有沒有確認客戶的「購買動機」是什麼？以及「意願程度」有多少？而所謂的「意願程度」，是指客戶對我們的產品和解決方案，有急迫性嗎？客戶只是想聽聽、參考看看而已，還是他確實在認真評估？為此，客戶願意付出相對的承諾嗎？

購買動機，比需求更重要

影響客戶做出決定的關鍵，就是客戶的購買動機夠不夠強烈。當動機越是強烈，越是非買不可；如果動機不夠鮮明，那就是看看而已。

有一回，我跟銷售夥伴去拜訪一位職業股票族客戶。出發前，我們當然將產品簡介、資料都準備齊全，見到客戶簡單寒暄後，我問對方：「您周遭一定有從事保險業的朋友，他們肯定跟您分享過，能否說說您對保險的看法？」

股票族客戶說：「我對保險沒有什麼看法啦！我的興趣就是做股票，保險的事我一概不懂。」

「那您從來沒有想過要了解保險嗎？」

「保險？我沒太大的興趣耶！我專心做股票，只要一支漲停板，就超過上班族一個月薪水了……。沒關係，如果你們公司有不錯的保險商品可以留資料給我，我有空再參考看看。」

聊了幾句後，我發現股票族客戶沒什麼心思聽我們繼續說下去，再簡短聊了一下，我就拉著同行的夥伴起身，禮貌地告辭了。

走出門外，夥伴忍不住追問：「怎麼沒坐多久就走了？為什麼不把公司的簡介、產品的資料留給他參考？他說不定有保險需求，這位客戶接下來該怎麼經營啊？」

「我們沒有找到這位客戶買保險的動機，他整個心思都在股票投資上，不是嗎？既然客戶沒有了解保險、買保險的動機，我們又何必自討沒趣呢？」我回應夥伴：「這類型的客戶，還得要慢慢經營關係，才有可能呢！日後經過這附近時，順道過去看看他、聊上幾句，關心他最近有沒有在股市發大財就行了。」

這個案例要說明一件事：如果需求是購買的起點，那動機就等於促使客戶決定的那一根稻草。

確認客戶意願的虛實

除了觀察客戶是否有購買動機，銷售夥伴還要探詢客戶，是不是願意付出相對的代價。比方說，客戶願不願意花時間了解？如果想擁有更好的產品、更完整的功能，客戶願不願意投入相對的預算？

回顧開場故事，當客戶說：「我想要做一些儲蓄方面的規劃。」我們不要立刻照單全收，應該主動探詢客戶願意為這份規劃付出多少。

例如可以這樣問：「每個月花五千塊錢，能規劃孩子的教育基金，您有興趣了解嗎？」

「您應該知道儲蓄保險，絕不會像股票有那樣的高報酬，

不過它也有不可取代的功能，這點您認同嗎？」

「如果能讓全家人喝到安心健康的好水，可以有效過濾水中的懸浮微粒、重金屬，不過價位會超出預算一些，您可以接受嗎？」

「市面也有類似的產品，您同時還考慮哪幾個品牌呢？」

不要覺得「探詢客戶意願」會顯得不禮貌，更不需要因此感到不好意思，誠如上一節談到「再多問一個問題」的觀念，你與客戶的一問一答之間，客戶會知道你是認真地在幫他釐清問題。同時，這個探詢意願的過程，也能讓客戶感受到，你將彼此的談話「當一回事」。

確認、了解、探詢了客戶需求，不代表客戶就會買單，銷售夥伴必須進一步釐清客戶的動機與意願，這將會決定客戶是否採取行動購買。

頂尖超業和一心只想介紹產品的推銷員不同，成功確認客戶的需求、動機及意願之後，你所做的提案、建議才更具意義，被採納的機率也會十拿九穩。正因為多了這個關鍵步驟，難怪頂尖超業每次秀出產品都能順利拿到訂單！

4-5　銷售價值，而不是價格

說出產品價值，讓客戶感受到益處

　　我經常應邀到海外授課，因為有海外業務的匯款需求，有一天我專程帶著大小章到銀行開立外幣帳戶。在申辦開戶的過程中，我順口詢問銀行櫃員幾個關於外幣存款的問題。

　　承辦的櫃員聽我問了關於外幣存款的問題，就預測我應該會有外幣保單的需求，於是打蛇隨棍上向我推銷起金融商品：「解先生，我們有推一個外幣保單，您有做這樣的規劃嗎？」

　　「我聽過外幣保單，不過沒有買過這樣的商品。」我說。

　　銀行櫃員開心地說：「那要不要趁這個機會，一起做規劃啊？」

　　於是我就進一步詢問：「為什麼你鼓勵我買外幣保單這個商品呀？」

　　銀行櫃員直覺式地回答：「就因為是外幣啊！」

　　聽到這樣的說法，我整個傻住，這算什麼理由呢？但我還是面帶笑容回應銀行櫃員：「外幣保單當然是外幣啊！但這哪

裡是理由，我想了解的是：為什麼你鼓勵我買外幣保單？」

銀行櫃員用力思考一陣，終於擠出新的說法：「我鼓勵解先生您買……是因為很多人都有買啊！」

我簡直哭笑不得，完全感受不出別人有買和我有什麼關係，只有婉謝：「我再看看好了，有需要再跟你聯繫。」

辦完業務離開前，這位銀行櫃員提醒我，如果我以後有理財上的需求，記得要找他服務。我雖然口頭上應和，但心裡的真實想法是：「我要是有這類需求，也不敢將理財大事託付給他……」

銷售維他命

沒有價值的產品，也不配有價格。

我在銷售這一行是苦出頭的，所以每當有人向我推銷或是介紹產品時，我總會給對方一些機會，還常開玩笑說：「我真的是好客戶！」然而，當客戶給予機會的時候，銷售人員是不是能完美展現、端出牛肉？我們能掌握自己銷售產品的「核心價值」嗎？畢竟能成功打動客戶的是產品的價值，不是銷售話術。

從不同面向檢視，挖掘出價值

不論銷售的是什麼樣的產品，想要熱銷大賣，一定要清楚

產品的價值。這聽起來天經地義，但千萬別以為這是一件容易的事。

你可曾認真「拆解」自己所銷售的產品？可曾用不同的角度去看待產品的每個面向？如果銷售的是有形的商品，例如一支簡報遙控筆，你是否能夠舉出這支簡報搖控筆的十個特色？從材質、晶片、功能⋯⋯等各個角度去挖掘。

如果銷售的是無形的服務，或是基金、保險、金融商品等，也是用同樣的方式進行產品拆解。我在各行各業的銷售訓練課程當中，不斷提醒學員，一定要能清楚回答自己銷售的產品有哪十項特色，別只想靠話術去撐場面。

說得出核心優勢，價值才能呈現

列出產品的十項特色，不只幫助我們認清產品的全貌，也是出門向客戶介紹產品前，就必須做足的功課。但在實務上，客戶的耐性與時間都有限，我們不太有機會長篇大論地逐項介紹，頂多只給你一、兩分鐘的時間介紹產品，因此在拆解產品並列出十項特色之後，必須從中圈選出三項「核心優勢」。

所謂的「核心優勢」，要能同時吻合兩個要點：一是產品的「本質」，二是產品的「主要訴求」。

例如簡報筆：「我建議您買這款簡報搖控筆，它有符合美國 FDA 雷射安全規範的綠光指標器⋯⋯」

又例如基金商品：「我建議您配置這檔基金，它的設計是

動態保本⋯⋯」

不論是簡報筆的綠光指標器，還是基金商品的動態保本，它們都同時吻合了產品的本質及主要訴求這兩點。

價格雖然重要，但不要劈頭強調

大多數人一定見過這樣的銷售場景：

「目前這個產品搭配促銷活動，買一送一耶！現在買正是時候——」

「我們公司週年慶，現在買產品都能享有優惠折扣！」

「您知道嗎？每個月只要五千元，就可以⋯⋯，很划算吧？」

價格的促銷聽起來有吸引力，但促銷和產品的「本質」無關，也不是產品的「主要訴求」。

客戶聽到促銷，頂多就是覺得這個價錢可以接受，但若客戶感受不到產品的價值所在，無論怎樣的跳樓大拍賣，一樣是不為所動。

我建議銷售夥伴，一定要讓客戶充分了解產品好在哪裡、是不是能解決他的問題，當客戶感受到產品價值，價錢才不會變成問題，尤其在銷售高單價產品時，例如房屋、高級車，或者是不能立即享用的契約型商品，比如基金、保險、生前契約等。

當客戶感受到產品價值，確認能夠解決他的問題時，再談促銷折扣與優惠方案，才會是成交的臨門一腳。

價值因人而異，對應訴求是關鍵

銷售任何產品前，先列出十個特色，再進一步圈選出最強的三項優勢。這是方便銷售夥伴在遇到機會時，能從容自信地介紹產品的核心優勢，但不代表每個人都會認同，因為每位客戶的情況、考量、需求完全不同。

例如你認為「功能齊全」是主要價值，但有可能客戶覺得功能齊全反而讓人操作時感到難以駕馭，寧可功能簡單一點；你認為「多元配置」是主要價值，但客戶要的卻是「單一標的」。如果沒搞清楚客戶需求、在意之處，就一直訴求自以為的主要價值，客戶會覺得你根本沒有搞懂他。

每個人的價值觀、認知，本來就有差異，在意的「點」也不盡相同，產品的價值當然會因人而異。如果沒有投客戶所好地訴求產品價值，就等於沒有正確對應到客戶的需求。

當客戶給了我們機會，並進一步詢問：「為什麼你鼓勵我買這項商品？」就要能端出牛肉，並讓價值呈現，善用產品價值，回到產品本身就事論事，說出產品的核心價值，客戶才會感受到銷售人的專業，認同我們是真心推薦他合適的解決方案。

在介紹產品前，就該做足產品功課，讓客戶明顯感受到這個產品、服務對他的益處，才不至於錯失機會。頂尖超業能精準說出產品的價值，並用產品價值吸引客戶想進一步擁有，順利簽單成交。

4-6　身分不同，結果不同

找出自己與眾不同的定位

　　每到舊曆年前，我都會去批流年，希望新的一年有好兆頭，也聽聽老師提點今年工作、家庭該注意哪些事項，作為自我警惕。

　　這位老師在命理堪輿界相當知名，不預約是排不到的，而且預約只粗略分上午、下午時段，大家排排坐在命理館的長廊上，一等就是兩、三個小時，由於人人想請老師指點迷津，也都等得心甘情願。

　　在等待期間，老師出來上洗手間，瞧見走廊上大部分的人掛著一張苦瓜臉，便開口說：「不要太煩惱，景氣再不好，還是有人賺錢。前兩週一位企業家要我幫他看一塊地，這塊地開價新台幣一百億元，你們猜猜看，買家花多久的時間做決定？」

　　我對房仲業做過銷售輔導，很清楚房仲業務面對這筆超級大單，在努力爭取時必定搶破頭，但是出得起一百億的大客戶要去哪找？過程中又要討價還價多久？我正在盤算時，老師公

布了答案：「買家從看地到決定，只花了二十五分鐘。」

二十五分鐘成交一百億？大夥聽得下巴都要掉下來了，這是怎麼辦到的？

「這塊地好，在龍脈上」「未來有增值的潛力，這不用擔心」「你下半輩子就靠它了。」老師只說了這三句話，當下這位老闆買家就決定簽約。

老師還勸這位買家不用這麼快下決定，並暗示這塊地還有十億元的降價空間，但這位老闆輕描淡寫地說：「沒關係，老師你說好我就買，不差這十億元。」

大多數房仲說破嘴皮也不見得賣得動的土地，老師三句話成交。這就是身分不同、結果不同的絕佳案例！聽了這則故事，我想銷售人也應該隨時問自己：「我有辦法成為這樣的專業權威嗎？」

銷售維他命

不是客戶小看了你，是你將自己看小了。

不少銷售夥伴好奇：「為什麼頂尖超業拜訪客戶，客戶會願意抽空坐下來仔細聽？」為什麼自己將產品介紹得十全十美、條理分明，但客戶似乎沒當一回事，最後順口丟一句：「我考慮看看，再聯絡你。」就這樣被客戶打發掉了。

這中間的差別不是產品有問題、不是價錢有問題，很可能是人的問題。這句話的意思是，你有沒有讓自己看起來「有來頭」、是個「咖」？

有銷售夥伴納悶：「我只是一個剛入行的新人，能有什麼不同的身分呢？」

找到自己跟別人不一樣的定位，客戶看待你的眼光就會跟著不一樣。有一次我去星巴克買咖啡，那時是離峰時間，客人比較少，兩個服務生邊做飲料邊對話，其中一個說：「我們做人做事要有格局。」

「蛤，你在講什麼東西？」

即使被同伴吐槽，這名服務生仍很認真地說下去：「人要有三觀格局與視野！價值觀、人生觀、世界觀……」

聽得我的耳朵都豎起來了，一個連鎖店的基層年輕人都懂得把自己做大，在自己的領域想做出一番成績，令人激賞，也值得學習。

銷售人別忘了，你最大的產品，就是你自己，千萬別把自己做小了！

發展自我定位，拉出差異

「銷售業務員的工作，就是每天出門推銷、賣產品。」這是社會大眾對銷售人的刻板印象，或許因為這樣，有些銷售人也覺得這是比較低聲下氣、矮人一截的行業。其實不是客戶小

看了你，而是你把自己看小了。

不能否認，有客戶會考量身分，來決定怎麼對待他人。因此我常在銷售課程中刺激學員思考這個問題：「你是誰？你跟同行有什麼不同？」

「我是北投地區的房產專家。」有一位頂尖房仲，他這樣自我介紹：「您只要說得出北投任何一條路名，我都可以立刻提供您那裡現有物件的行情。」

聽完這位房仲夥伴的自我介紹，是不是眼睛都為之一亮了？各行各業的銷售人員都可以照著做：

行業	刻板印象	發展自我定位
房仲業	賣房子、賣土地的	「我不僅是房仲，我還是都市更新／農地專家。」
信用貸款	幫別人辦貸款的	「我是幫客戶提早圓夢的專家。」
保險業	鼓勵別人買保險的	「我的工作是幫客戶做好資產保全、創造財富。」
百貨零售業	賣化妝品的	「我是讓人看起來更有自信、更有魅力的彩妝達人！」
傳銷、直銷	賣健康食品的	「我們是健康諮詢的顧問。」
採訪編輯	寫文案的、搖筆桿的	「不管載具怎麼改變，我都是內容產業的核心生產者。」

這不是要大家每天自我感覺良好，而是該去思考如何提升自己的定位，當身分定位不同了，帶來的結果也就不同；你怎麼看待自己，別人就怎麼看待你。

所以你覺得「你是誰」呢？

領域達人，講話就有分量

有一回，我陪一位同事去拜訪客戶，見到客戶簡單寒暄之後，同事就從星座聊起：「像你們這種星座，缺的不是賺錢能力，而是存錢工具。」

「你們這個星座，天生性格大方海派，每次出門，都不好意思讓別人花錢，所以到最後都是自己跑去買單。」

客戶聽到同事這麼說，立刻點頭如搗蒜，還附和著說：「真的耶，一點也沒錯！我也知道自己的這個缺點，常常為這事煩惱，這樣下去，以後怎麼辦呢？」

同事順水推舟地說：「所以最好的方法，就是強迫自己儲蓄……」

就因為這一句話打通關節，客戶也沒有過問太多的商品細節，就直接詢問該怎麼簽約了。事後，我用佩服的眼神看著這位同事，問他怎麼這麼懂星座。同事告訴我，他學習星座已經有三年的時間，還贏得公司「星座理財達人」的封號呢！

專業證照，為自己鍍層金

除了業務員的身分，若還能把自己塑造成某個領域的權威、達人、專家，客戶對待你的方式自然不同，如果獲得專業證照資格，介紹商品的說服力也會更上一層樓。

有一位多年不見的學員，在金融業從事銷售，當初他來上

課時，只是剛入行的小業務員，幾年下來他發展得很好，現在經營的客戶群都是高端市場，我好奇地問他是怎麼做到的。才知道他這幾年花時間、金錢投資自己，拿到了「國際認證高級理財規劃顧問」（CFP）的證照。

他說：「我以前也曾懷疑過，拿證照真的對銷售有幫助嗎？現在才體會到，有專業證照的加持，是贏得入場券的第一步。」

很多人興沖沖地跑來做銷售，但沒多久就鎩羽而歸，核心的問題就是少了對「價值化」的認識，把自己當成「賣產品的」，但從客戶的立場來看，推銷員滿街跑，有什麼值得尊敬的？頂尖超業絕不會把自己當推銷員，而是努力擦亮自己這塊品牌。

我常常提醒夥伴，這個世界上，人人都能做到給別人台階下，卻不會有人幫我們鋪好上台階的紅毯，只有自己能提升自己的價值。

請各位銷售夥伴從自我定位開始，努力提升自己的層次，當高度不同，你在客戶面前的影響力也會大不同！

筆記欄

4-7　成為銷售夢想的人

數大，才足以激發客戶興趣

　　我的一位好朋友家中三代同堂，他長年在中國大陸經商，回家看到自己的父母、孩子，就是人生最大的滿足與快樂。不過，原本居住的房子是老公寓，室內坪數有限，加上兩個孩子逐漸長大，於是朋友積極地考慮換屋。

　　朋友委託了幾家房仲業務，並提出換屋需求——適合奉養父母親、夫妻生活以及孩子成長的居住空間，要有電梯方便長輩進出，生活機能要便利、鄰近市場與學區，預算則落在新台幣一千五百萬到一千八百萬元之間。

　　明確的條件擺在眼前，各家房仲業務都動了起來，但是朋友從北投看到關渡，又從關渡看到文山區，而每回看屋他就得放下工作飛回台灣，看了五、六個物件，不只沒有找到自己中意的，還覺得物件條件是越看越差，實在感到失望又挫敗。

　　直到舊曆年朋友返台，他很熱情地邀約我：「我的新房子裝潢好了，你一定要來坐坐，一起吃頓飯。」

　　朋友的新家位於捷運站附近，在一個門面氣派的社區內，對面有家樂福大賣場，旁邊就是學校，過個馬路還有高爾夫球練習場，而且車子開出車庫，就能連接高速公路和快速道路……，這環境太棒了！

　　我來到十八樓，進入朋友視野超棒的新家，環顧室內的空間格局，我著實嚇了一跳：「這房子沒有四、五千萬，應該買不到吧？」

　　「連裝潢家電，總共花了我五千五百萬。」朋友回應。

　　我嘖嘖稱奇，也感到納悶，當初不是他將預算定在新台幣一千五百萬到一千八百萬元之間的嗎？這成交金額比起原始預算，足足翻了快四倍，於是我忍不住問他：「哪個高手成交你的？」

銷售維他命

　　別小看了你的客戶，頂尖超業都是銷售夢想的高手。

　　「大多數的房仲，都很努力地按照我原本提出的需求找房子。」朋友感嘆地說：「可惜啊，他們的格局都稍微小了點，眼界不夠寬，不知道我們的實力其實可以接受更高的價格。」

　　成交這位朋友的是該建案的銷售人員，朋友和太太越看這間房子越滿意，談過幾次後就決定簽約，「物件夠好、能給我

更大的夢想期待，我當然會願意加碼多掏錢啊！」

朋友的這番話，一語道破許多銷售夥伴的盲點：缺乏擴大客戶夢想的勇氣。

數大，更能激發購買慾望

許多銷售歷練尚淺，或是信心不足的夥伴，常面臨不敢談錢或是大金額訂單的盲點。

在我剛踏入銷售時，也面臨這些狀況，整副心思在客戶的預算上打轉，深怕超出客戶預算：「這麼高的金額會嚇死客戶吧！」「這數字客戶一定買不起……」

所以那段時期，我以為便宜就能引發客戶興趣，於是只敢跟客戶說：「透過這份規劃，每年都可以領兩萬……」但不久後就發現，「每年都可以領兩萬」實在不算什麼大誘因，難怪激不起客戶的興趣。

從此我不再畫地自限，試著將客戶的能力和計劃書上的金額放大：「透過這份規劃，每年都可以領二十萬！」聽到我這麼介紹，反倒激起客戶的好奇心：「能領二十萬？這樣一年要繳多少保費？」

於是我明白了，客戶會購買產品的原因，是需求與慾望被激起，並不是因為產品的價錢便宜，如何激發客戶的購買慾望，遠勝於產品價格本身。我體會到「數大才會美」，放大金額與格局的同時，也把客戶的需求和夢想放大了。

當許多推銷員在埋怨：「這麼便宜，客戶怎麼還是不想買？」頂尖超業們已經在思考：「怎樣能放大格局，喚醒客戶的購買慾望？」

想像情境，客戶才會心動

如果你銷售的是實體產品，可以帶領客戶體驗、親身感受。建案的銷售夥伴會鼓勵客戶看樣品屋，而且一定是看大規格的房型；汽車銷售員會鼓勵客戶試乘，而且從頂級車款體驗起，當客戶有了這份親身感受，自然會在腦海中想像一家人和樂融融的畫面，想要擁有、購買的機率也就大大提升。

不乏銷售夥伴有疑問：「我賣的是保險或金融理財商品，是一張無形的合約，不是房子、汽車這樣的實體，該怎麼樣去創造客戶的想像？」

這時，你需要描繪出一個情境畫面，讓客戶能夠去想像。例如：

「您想想看，二十年之後，這筆錢可以當作小孩子的留學基金，到時候孩子無論是去美國，還是日本發展都夠用了⋯⋯」

「您思考一下，等這檔基金期滿辦理贖回的時候，您就可以跟配偶選擇想要的退休生活，人生拚了一輩子，不就為了退休後能享享清福？」

即使是無形的產品，現階段客戶不能親身體驗、實際感受，仍然可以透過情境畫面的描繪讓客戶身歷其境，當客戶融入這

個情境，自然就會更「有感」！

勾勒願景，感受這樣值得

過去我以為百萬名車都是賣給大老闆，直到某次授課時遇到一位雙 B 汽車的銷售夥伴，交流後我才發現，他的主要客戶竟然都是各行業的銷售業務。我好奇地問：「一般的銷售夥伴買車都是拿來跑業務當代步用的，他們怎麼會是你的主要客戶群呢？」

「好車能激發他們的夢想願景啊！」這位銷售夥伴說：「想想看，買一台國產車，當然可以代步，但是無法讓客戶感覺到你是優秀、了不起的銷售人。如果多一些預算，買台進口車，不但能代步，接待重要客戶也顯得體面，更重要的是，開車去拜訪客戶時，客戶一定會覺得你業績很不錯，對你另眼相看！」

就因為這位夥伴擅長為客戶勾勒願景，創造更美好的夢想，難怪客戶願意升級預算、花多一點錢買名車，而且覺得很值得、很滿意。

有時候客戶太專注自己的「需要」，忽略了自己的「想要」，甚至沒發現自己「口不對心」，於是看到依需求而生的提案規劃，都不覺得搔到癢處，以致卡關不能成交。

人因夢想而偉大，客戶會願意為美好的夢想付出更多。三流的推銷員，賣產品；二流的銷售人賣「需要」，也許偶爾能

挖掘出客戶的「想要」；頂尖的銷售人，能賣給客戶更美好的願景和夢想。

　　檢視你銷售的產品屬性，善用引導與情境想像，挖掘客戶的「想要」，進一步創造客戶更大的想像，成為一個賣夢想的銷售人。

（筆）（記）（欄）

4-8　展現對產品的熱情

發自內心的認同，感染每位客戶

　　我有一位從事銷售工作的朋友，不論什麼產品他都銷售過，從保險、傳直銷、健康檢查到語言學習課程，短短三年的銷售生涯，卻換過數不清個產業，每當他跳槽到另一家公司時，他的親朋好友和熟人都會在第一時間接到他「又換公司」的消息。

　　「Herbert，我跟你說喔，我離開之前那家公司了，現在我改賣這個……」

　　我忍不住問他：「你之前銷售的產品不錯啊，怎麼會想換？」

　　他總是這麼說：「那個產品是不錯啦，不過後來我發現，現在這個產業更有前景，所以我就換這個產品賣，這產品真的比較好喔，你有沒有興趣？」

　　還有一次，他銷售的產品沒變，只是跳槽到另一家公司，而他的說法是：「這兩家公司賣的產品一樣，不過價錢是現在這家公司比較便宜，我得站在客戶的立場為客戶著想啊！所以當然要跳槽過來……」

在銷售行業裡，和這位朋友一樣想法的銷售夥伴還不少。這類銷售人員好比寄居蟹，三天兩頭換產業、換公司、換產品，常常「逐產品而居」，甚至是「逐佣金而居」。

偶爾我在不同的企業進行教育訓練，卻感覺某幾位學員特別眼熟，打個招呼之後才發現，他們之前在別的產業銷售，現在到不同的產業發展。我會關心他們並進一步了解，為什麼想要轉換跑道？有的學員甚至直白地回答：「之前那個產品不好賣，於是就換來這裡。」

這也讓我們思考，如果每天都在想哪種產品比較好賣、什麼產品最能衝高自己的佣金，那不就只是產品的掮客嗎？而且，為什麼不管哪個產業、銷售哪個產品，都會有頂尖超業在發光發熱呢？

銷售維他命

> 超業不是靠著批評同業，或是誇大不實而成為頂尖。

常有學員問我，成功銷售產品的關鍵是什麼？我都說：「展現你對產品的熱情。」

銷售人對產品的熱情是裝不出來的，必須發自內心地認同產品，才能讓客戶感受到這股熱情。這股熱情往往正是促使客戶購買的關鍵。頂尖超業不會陷入產品比較、價格比較這些問

題中，而是隨時散發出對自家產品的熱情。

銷售人沒有挑產品的權力

有些銷售夥伴在產品賣不出去時，就開始為自己做不出成績找理由，在自家產品裡挑毛病，例如「產品功能沒人家的多」「價格沒優勢」……，講到最後，彷彿自家的產品一無是處似的，卻忘了每一項產品，都是公司發覺客戶有需求，精心研發、設計出來的。因此，銷售人的主要職責就是：將產品價值傳遞給每位客戶。

再換個角度想想，你認為天底下有十全十美的產品嗎？若真有的話，那這個完美的產品，應該早就暢銷到不行，或者肯定要賣天價吧！

在我從事電話行銷期間，當時公司能夠賣的產品非常有限，剛開始實在很不適應，我還曾經為了商品不夠多元而發牢騷。

但很快轉念一想，既然能賣的產品有限，我就全心聚焦它的價值，我是銷售產品價值的人。也多虧這一轉念，讓我在電話行銷連續兩年，一直都是全公司業績的第一名。那段歷練讓我深刻意識到「銷售人沒有挑產品的權力」。

熱愛產品的銷售人，知道每項產品各有長短與不足之處，並能從自身產品當中不斷發掘它的長處、優勢、價值以及賣點，難怪他們能銷售出對產品的熱情。

熱愛產品的重要分際：別批評同業

有些銷售夥伴為了提升客戶的購買意願，在商品介紹時，容易說出批評同業的話，卻忘了當你批評同業的時候，在客戶的眼裡看到的只是「狗咬狗一嘴毛」。

當你說：「別人家的產品和服務，都沒有我們的好……」客戶想的是：「那你恐怕也好不到哪去吧？」

銷售產品最大的忌諱就是，用比較的心態去介紹產品。習慣批評同業的做法，不但在客戶面前讓自己的可信度打折、形象受損，若你將對手批評得一文不值，甚至還會讓客戶對同業產生興趣，而將商機拱手讓人。

即使客戶主動問起別家同質性商品，你只需要專注在自家產品價值，輕描淡寫地回應：「我很少聽到客戶對同業產品的評價，不過我們的產品，很受客戶肯定的是在於……，也因此得到許多見證與迴響……」這樣就足夠了。

熱愛產品的重要分際：別誇大不實

別用錯的方式去愛你的產品，那反而會得到反效果。

有些銷售夥伴，為了成交或讓客戶感覺產品很好，一不小心自吹自擂就稱讚過了頭，踩到銷售界最嚴重的地雷：誇大不實。

將產品的優勢形容過頭，甚至是誇大功效，造成客戶對產

品有錯誤的認知；當客戶問到產品的弱項又避重就輕，不敢據實以告，這些都是因為對自家產品沒有足夠的信心與認識。現今是網路發達的時代，客戶聽你介紹的同時，很可能就上網搜尋求證你所說的，稍有不慎，甚至還會登上媒體新聞版面，得不償失。

而誇大不實的另一個原因是強求成交。有些業務員為了快點拿到訂單，多灌點水、多灌點功能、多灌點特色，好提高客戶的購買率。然而，若不保持正確心態做銷售，恐怕只能在這一行做一陣子，無法做一輩子。

真正熱愛產品的銷售人不會批評同業，也不會誇大不實，他們會藉著自身認同以及客戶使用見證，將產品的優點真誠地分享給更多人。

我仔細觀察過各行業的頂尖超業，他們所屬的公司不見得最大、最知名，甚至產品都不見得最具優勢，但他們能創造一般人達不到的銷售高峰。其中的關鍵就是，除了銷售產品之外，他們也向客戶展現自己對產品的熱情。這股熱情來自於對產品的徹底了解，並相信產品真的能帶給客戶幫助，因此他們不論在哪個銷售領域，都能發光發熱！

5

引導成交

走到了成交關鍵這一步，

你一定既期待又怕受傷害。

期待的是：努力就要見到成果；

怕的又是：如果客戶說不要呢？

許多銷售夥伴，一到了成交時刻就坐立難安；

而頂尖超業們，簽單成交的機率總是比較高。

為什麼？

那是因為頂尖超業，具備了「兩個認知，五個能力」。

頂尖超業的認知：

認知一：「成交是水到渠成，而不是揠苗助長。」

將每個銷售流程扎實做到位，成交就是自然而然。

認知二：「成交，是銷售人的天職。」

具備成交導向的思維，唯有客戶購買，

產品／服務才開始有意義。

頂尖超業擅長：

關鍵能力一：「同理理解」，

知道客戶做決定的兩難，處理情緒優先。

關鍵能力二：「真心傾聽」，

讓客戶說出他的難處，扮演傾聽者角色。

關鍵能力三：「適時沉默」，

不會一股腦強逼決定，讓客戶成交自己。

關鍵能力四：「勇於主導」，

不是為了強迫推銷，而是掌控銷售節奏。

關鍵能力五：「善於引導」，

不是耍著銷售伎倆，而是引導客戶思緒。

成交的關鍵，不是靠洗腦話術，

更不是靠促銷讓利妥協；

成交的關鍵，靠的是一種信念，

靠的是一股責任與使命。

當你具備了以上這些頂尖超業的成交能力，

面對客戶的各式問題，就能輕鬆迎刃而解。

5-1　成功銷售，不能只靠話術

穩紮穩打銷售流程每一步，提升成功率

　　這十幾年來，我專注在各產業的銷售訓練及輔導，為了讓每次訓練課程達到最大效益，在企業邀約課程前，我都會進行課前訪談與對焦，認識企業的現況，並了解遇到的問題，再根據企業期待達到的訓練目標，提出我的建議方案。

　　規劃這些客製化的課程，有很大的成就感，當然也有些令我困擾的地方。好比說，企業常希望我教銷售夥伴們處理拒絕與拿訂單的話術。

　　我曾多次好奇地問人資主管：「為什麼特別想要針對拒絕處理與話術進行指導呢？」

　　許多主管這樣回應：「老師，您是銷售紀錄保持人，一定有許多銷售簽單的話術可以教我們，當夥伴學會了您的話術，相信業績也能提升……」

　　我當然盡可能滿足企業的需求，但同時我也好奇，單憑著話術的加強，在現今高度競爭的環境還適用嗎？

　　二十幾年前，我剛踏入銷售領域，那個年代的傳統銷售訓練就是死背話術，主管總是耳提面命：「要拿到業績，銷售話術就要夠強！」於是我每天乖乖背著許多前輩們的銷售話術，然而有一天我突然察覺，這樣背下去，究竟哪天才背得完？而我也開始懷疑，前輩的話術能管用成交，就代表我也能運用在我的客戶上嗎？銷售如果只單靠某些無敵話術就能成交，那還需要系統化的銷售流程嗎？所謂專業的銷售，應該不是只停留在話術層面而已。

　　在每一次教育訓練的課堂上，我也對期待學到「成交話術」的學員們提出一個問題：「大家相信有一套話術，能成交每一個客戶嗎？」

銷售維他命

成交靠的是技術，而不是話術；超越了話術迷思，銷售技術才能真正提升。

　　關於「話術迷思」的質疑，在我擔任業務主管，以及負責整個團隊的銷售訓練時，找到了解答——銷售話術與系統化的銷售流程，彼此是相輔相成的。

　　銷售話術絕對有它的功用，就好比學習英語需要參考例句，以便依樣畫葫蘆；而系統化銷售流程的核心精神在於，當各個

步驟按部就班、環環相扣地進行，每個環節做好、做扎實了，成交就能水到渠成。

系統化銷售流程，踩穩每一步

所謂系統化銷售流程，指的就是從接觸客戶，一直發展到銷售成交的過程。當中包含幾個重要的階段：開發客戶、接觸接近、商品呈現、引導成交（包含客戶的異議回應）以及轉介延伸。這十幾年來，我輔導了許多不同的銷售產業，發現各產業間只是銷售語言、行話的不同，在銷售流程上沒有太大的差異。

許多人好奇為什麼我能成為銷售紀錄保持人，其中的秘訣就在於：清楚地知道客戶目前是處於銷售流程的哪個階段，只要在銷售流程中，達成每個階段的階段性任務，就往成交推進了一步。

相較之下，許多銷售夥伴都急於速成，急著想簽到訂單，最好是第一次見到客戶就能順利成交，於是不斷追求一套最能說服客戶的腳本，這反而才是異想天開。

在日常生活的經驗裡，我觀察到形形色色的銷售人員，不少人打著專業的形象，但一見面就直接對我說：「解先生，有沒有興趣了解我們的產品？」每次遇到這種情況，我都會心想：「天啊，才第一次見到我，彼此連信任都還談不上，就直接問我有沒有興趣，劈頭就開始介紹產品，這也太厲害了吧？」我相信，不是對方公司的教育訓練沒強調建立信任是最重要的第一步，

而是銷售人員追逐業績過了頭，也難怪客戶看到銷售人員就敬而遠之。

銷售是一個動態流程，而不是一翻兩瞪眼。想要在銷售上有高績效表現，就該按照銷售的流程並且落實每一個步驟，成交就能水到渠成。

過程導向，才能成為銷售常勝軍

對於銷售業績而言，你覺得「結果導向」（業績導向）重要，還是「過程導向」（活動導向）重要？

有人會說：「當然是結果導向重要，在主管眼裡，業績決定一切。」

而我見過許多優秀的業務主管卻堅持：「業績（結果）只是一時，過程（活動）才是決定可否成為銷售常勝軍的關鍵。」頂尖超業不但有套系統化銷售流程，並且能清楚掌握每個階段的步驟，做到該做到的關鍵重點。

開發客戶階段

關鍵重點：獲得更多的客戶來源，開發更多的潛在客戶。

接觸接近階段

關鍵重點：在初次接觸時能與客戶建立信任，同時發現、了解客戶的需求。

商品呈現階段

關鍵重點：根據客戶的需求提出適當解決方案，並在商品呈現的同時，讓客戶具體感受到能為他帶來的益處。

引導成交階段

關鍵重點：確認客戶是否還有其他的顧慮、疑惑，並進一步引導、協助客戶購買。

轉介延伸階段

關鍵重點：強化客戶服務與關係經營，一來延伸客戶更多的潛在需求，二來藉由客戶轉介延伸更多客戶來源。

根據銷售流程的不同階段，準備好銷售話術，例如：怎麼自我介紹？如何介紹公司？是否準備好探詢、提問系統，以便快速了解客戶現況與需求？如何有效地介紹產品？針對客戶的顧慮、疑惑如何有效回應？準備這些銷售話術，目的是為了讓銷售表達能更精準、更有穿透力，讓銷售話術與銷售流程形成完美的搭配，當兩者天衣無縫地互相支援，所期待的成交結果自然會發生。

成功銷售，有時需要一點運氣成分，就如同有時也可能靠著一句話，就打動客戶，但是我更相信：「運氣，是屬於每個步驟都做足、做充分的人。」

當你在銷售流程的每一個階段都扎實地做到位，成交的機率絕對能大大提升。

不論是哪個產業的銷售夥伴，都建議你花時間思考，在每個環節該做到哪些關鍵重點。若針對每個客戶、每次拜訪、每次商品呈現，都確實地依照銷售流程進行，簽單成交絕對可以預期，而不只是運氣而已。

筆記欄

5-2　成交，是銷售人的天職

敢要求成交，才稱得上超業

　　我帶領銷售團隊時，每個月都會舉辦各式通關比賽，目的是為了讓夥伴都能在銷售戰場上有漂亮的表現。

　　有一位年輕的夥伴讓我印象深刻，他雖然是一位新人，但在通關比賽中表現得可圈可點，許多資深業務都覺得後生可畏。不但如此，這位夥伴還有很好的工作習慣，每天一定出門拜訪客戶，也都得到不錯的回應。照道理說，這位夥伴業績應該表現得很好。然而事實相反，他的成績不太理想。

　　為了協助這位夥伴找到盲點所在，我主動陪同他去拜訪幾位客戶。

　　其中一位是之前送過提案企劃的客戶，依照慣例，這次回訪的主要目的是探詢客戶對企劃方案的想法，如果沒問題的話，就可引導協助客戶簽約，順理成章成交這筆訂單。哪知道夥伴見到客戶時，又將產品重新介紹了二、三遍，但就是不敢主動提出成交要求。

我觀察到客戶對產品已經相當認同，彼此又談得很融洽，便順勢跟客戶說：「如果您覺得都沒問題的話，那是不是就讓這份合約今天生效？」

在我的引導下，年輕夥伴終於順利讓客戶簽約了，而我也同時向這位夥伴點出他的銷售盲點。然而很可惜，這位許多方面皆頗優秀的年輕夥伴，半年之後仍因為達不到公司業績門檻而陣亡。

這個結果引起同仁們熱烈討論，一名準備充分，同時又有良好活動習慣的銷售人，為何最後業績無法達標慘遭淘汰？其實，原因就在他始終克服不了「開口要求客戶做決定」的心理障礙，總覺得「開口要求會給客戶壓力」「只要將產品介紹得好，客戶就會主動說要買」，於是他總是在「介紹產品」上打轉，然後被動等待客戶購買。

銷售維他命

產品夠好又符合客戶的需求，引導成交應該是順理成章、自然而然的動作。

在高爾夫球界有這麼一句話：「Drive for show, Putt for dough.」意思是：「開球表現得好是作秀，只有將球推桿進洞才能贏得獎金。」優秀的籃球員除了球技要好，還必須能夠在比

賽中進籃得分，擁有一身好球技，卻沒有進球得分的企圖心，也只能稱為花拳繡腿。

從事銷售工作也是相同的道理，即使在各方面的表現突出，卻因為不敢引導客戶購買，那最多也只能稱為「產品解說員」，絕對不是稱職的銷售人。這兩者的差別就在於是否擁有：成交導向思維（Always be closing）。

成交導向是一種認知、一種企圖、一種信念，更是一種專業銷售的表現。所以頂尖超業除了在銷售各個階段都有精準的掌握之外，還敢於開口要求客戶下決定。

協助客戶購買，才是銷售人的責任

銷售人最重要的職責是協助客戶擁有產品。除了該具備市場開發、產品介紹的專業能力之外，更關鍵的臨門一腳，就在「敢於引導客戶決定」。

在我剛踏入社會打拚時，我認識了跟我租賃同一棟公寓的阿豪，因為我們年紀差不多，又同樣都是外出打拚的遊子，當然特別有話聊。我向阿豪提到自己正在銷售的保險產品，聽完我的建議，阿豪同意產品真的不錯，預算也還負擔得起，不過他說當下沒錢：「等兩個月後工作穩定點，再來簽這份合約吧！」

我心想，那就等兩個月後再跟阿豪開口，憑著我們的交情和信任，阿豪肯定不是說說而已，他會跟我買這份保險的。

然而有一天我回到租屋處，看見一對陌生的夫婦，原來是

阿豪住在宜蘭的父母親，他們專程趕來高雄，因為阿豪前一天騎機車出了意外，被送往醫院急救。我看到阿豪父母親焦急的表情，心裡充滿自責，我原以為自己站在阿豪的立場思考，但直到這時才發現，如果當初能再堅持一點鼓勵阿豪，讓保障即刻生效，阿豪與他的家人就不用擔心他的住院費，也不會承受內心自責與虧欠……

　　阿豪的事件讓我深刻體會到，頂尖銷售人該具備「成交導向思維」，敢於開口要求客戶購買，這絕不是死皮賴臉地給客戶壓力，而是因為唯有客戶購買後，產品才開始有意義。

縮短「陣痛期」，是銷售人的專業

　　所謂的「專業銷售」，除了外表形象、專業知識，還包含在引導成交階段，銷售人是不是能縮短客戶的「陣痛期」？有一則笑話是這麼說的：

　　某個人發現自己有顆蛀牙，趕忙跑去看牙醫。

　　「請問一下醫師，拔一顆牙要多久的時間？」

　　牙醫回他：「你相信我的專業，拔一顆牙只要一秒鐘！」

　　「哇，醫師您真的好專業，那拔牙的費用呢？」

　　「拔一顆牙五千元。」

　　一聽到價碼，這人便躊躇起來：「一秒鐘就要五千元，怎麼這麼貴啊？」

　　這時牙醫慢條斯理地說：「當然啦，你要我慢慢地拔，拔

225

個兩分鐘，當然也沒問題啊！」

我很喜歡這一則笑話，銷售人員若總是想太多，在成交階段心生懷疑恐懼，被動等著客戶開口，不但會讓客戶無所適從，徒增不安全感，承受這些不必要的拖延，對客戶來說也是一種不公平。

專業銷售人的角色，就應該像故事中的牙醫師，展現專業服務客戶，並能縮短客戶做決定的陣痛期，順利進入成交後滿足、受益的階段。

來到成交階段，卻不敢主動開口嗎？

在二十幾年從事銷售、輔導各產業的經驗中，我發現有一則殘酷的現實：「不敢，就別肖想。」不敢端出牛肉，就別期待客戶會有興趣；不敢探詢客戶的想法，客戶不可能說出他想法；不敢引導成交，業績當然不會從天而降──最後落得竹籃子打水，一場空。

當你出現「我不敢」的念頭時，想想你對客戶的那份責任，用專業幫客戶度過做決定的陣痛期！

5-3　引導客戶「成交自己」

當一名好的傾聽者，讓客戶說內心話

　　在我擔任保險業務員時期，有一回去拜訪客戶，想了解他對我推薦的保單有何想法，豈料才一進門，就看見客戶滿面愁容、唉聲嘆氣的，我懷著不安的心情寒暄：「張大哥，你今天臉色不太好，發生了什麼事嗎？」

　　「他啊，被朋友倒帳了啦！」張大哥還沒說話，他的妻子便答腔，用力數落起丈夫的輕信和輕率，「當初說不要借錢給朋友，他不聽，現在可好了吧？公司有一堆帳款要付，家裡也要用錢，這豈不是等著吃土？」

　　看這副光景，今天我是別想拿到業績了。

　　客戶被人倒帳很令人遺憾，但我也無能為力，這時說什麼安慰的話都不恰當，於是我選擇安靜傾聽，讓他們發洩情緒，成交已不是我當下的目標。

　　張大哥夫婦倆一搭一唱，將事情發生的始末向我描述了一遍，看他們倆說得激動，我當然不好打斷，倒帳的話題持續了

二十幾分鐘，他們才驚覺連水都忘記倒給我。

雖然場面有點尷尬，但我仍先向客戶道謝：「你們的故事替我上了寶貴的一課，很謝謝你們的分享。」

「記得我們這次的教訓，你以後千萬不要借錢給朋友。」不斷吐槽張大哥的張太太，為倒帳的話題下了結論：「你要知道，賺錢容易，存錢難；存錢容易，守財難啊！」

我覺得很有道理，立刻點頭：「真的，賺錢容易，守財難！」

「你看！」張太太突然拔高音量，對張先生說：「你先前說買保險當儲蓄沒什麼利多，但我覺得買保險比較有保障、比較有安全感呢！」

張太太這臨門一腳，讓張先生點了頭，我也有了意想不到的收穫——這次的成交經驗，前前後後我一共說不到十句話。

銷售維他命

> 讓客戶多說，你只需要安靜地聽，便很容易發現成交的蛛絲馬跡。

成交導向的思維固然重要，但若是過了頭，反倒會帶給人壓迫感，適得其反。正如我常在課程間分享：「能出招才出招，千萬不要硬出招。」

而這分寸之間的拿捏就在於：優先處理情緒，抱持同理心、

專注傾聽、了解客戶，進而找到彼此的共識基礎。

先處理情緒，再討論問題

想要有好業績，就要學會將客戶的情緒與問題分開看待。

開場故事中，張太太當著我的面，不斷發丈夫的牢騷，講了很多酸溜溜的話：「嫁給他十多年了，也沒看他守住錢過，我們家都不知道哪天會喝西北風！」張大哥一邊懊惱自己識人不明，一邊也覺得妻子在外人面前數落自己，實在很沒有面子。

如果留意到客戶有情緒，這時候先把「拿到業績」的目標放一邊，該優先做的是：同理感受或是緩和客戶的情緒。千萬別補刀附和：「你怎麼會借朋友錢？」「借朋友錢之前，你都沒想清楚嗎？」「那你們家現在該怎麼辦？」「我們的保單／商品／合約會不會受影響？」如果這時還打算進行銷售、說服成交，不但會遭客戶白眼，更顯得十分「白目」。

嘗試理解對方的心情，給一些時間、機會讓客戶開口，當客戶的情緒找到出口，往往能得到意外的關鍵訊息。所以別心急，千萬別不耐煩地打斷對方，沉默不見得會尷尬，有時反而是比較聰明的選擇。

專心傾聽：不評論、不追問、不給建議

面對客戶情緒最恰當的作法就是：專心傾聽。這看似不起眼的一個小動作，往往能發揮很大的作用。但不少業務員因為

沉不住氣，或是過於想表現自己，不只亂了人際分寸，甚至還會適得其反。

一個好的傾聽者，就該把握「三不原則」：不評論、不追問、不給建議。

千萬別湊熱鬧地問：「張大哥，當初借朋友時，怎麼沒考慮清楚？」「張大哥，當初如果將這筆錢拿來買保險，就不會發生這種事了！」這些話不但無濟於事，還可能讓客戶感覺你在火上加油。客戶的家人能這麼說，不代表身為外人的業務員可以跟著學舌。

有時候，專心傾聽更勝千言萬語。

留意觀察，找到共識基礎

專心扮演聽眾的角色，當客戶情緒過去了，再針對彼此的共識點重啟對話。當張太太說出「賺錢容易，守財難」這句話之後，我連忙點頭深表認同，也跟他們分享國內某大金控創辦人的名言：「會賺錢的是徒弟，會存錢的是師父。」

這句理財金句是基於彼此的共識上所說，於是讓我原本要談的保險建議又找到了施力點。張先生夫婦倆隨即詢問我一些細節，不但順勢完成簽約，也因此深刻體認到這份規劃的真正意義與價值。

能有這般戲劇性的成交，原因就在於：客戶的情緒緩和了，我們也找到共識基礎，而這都是因為我扮演好傾聽者的角色，

才有這些收穫。

　　誰說成交要喋喋不休地說個不停？想成為頂尖超業的銷售人，要學習察言觀色、感受客戶情緒、安靜傾聽和適時沉默，進而尋求彼此的關鍵共識。

　　客戶的一個眼神和動作，都可能另有深意並帶來新的契機。讓客戶說出自己的心聲，勝過死背的千萬句銷售話術。當客戶主動開口，先了解真意，再做出回應，往往僅用三言兩語，客戶就能「自己成交自己」。

筆 記 欄

5-4 銷售人要勇於主導、善於引導

幫助客戶做決定，別被藉口與猶豫牽著鼻子走

　　兩個同一時期踏入銷售行業的年輕夥伴，同事們戲稱他們是半斤八兩哥倆好。雖然年紀相仿，卻有不同特質，一人個性開朗健談，總能跟客戶天南地北聊個不停；另一人個性沉穩踏實，主管要求的事項都能落實執行。也因為彼此個性互補，兩人常常一起拜訪客戶、一起討論，希望能做出好成績，然而他們的業績只能用「難兄難弟」來形容。

　　單位主管發現兩人的問題癥結，便把他們找來懇談。處經理問：「人家都說一加一大於二，為什麼你們倆一起拜訪客戶，卻無法一起協助客戶做決定，你們到底是在怕什麼？」

　　「我要跟客戶維持良好的關係，在聊得這麼愉快的時候，忽然提到成交，我擔心客戶會反感啊……」開朗健談的夥伴辯解。

　　沉穩踏實的夥伴也跟著說：「我都盡可能把產品的功能解說清楚，針對客戶的問題仔細回答，只要客戶夠了解產品，就

會自己做決定了。」

處經理聽完他們的理由，劈頭問：「一名『好的』銷售業務，該具備什麼條件？」

兩人異口同聲地說：「具備專業、形象良好、善於親近客戶、能拉近距離、提供客戶建議、做好關懷服務⋯⋯」

處經理點點頭，繼續追問：「那一名『稱職的』銷售業務，又該具備什麼條件？」

兩個年輕人已經腦力激盪，把所有「好的銷售人」的特質都搬出來，處經理的追問仍考倒了他們倆。

「稱職的銷售人，要能夠引導、協助客戶做決定。」處經理說：「你們倆一個在客戶面前能說能笑，卻不會引導客戶做決定；一個在客戶面前有專業形象，卻不敢開口要訂單。老想在客戶面前當爛好人，不敢主動提成交，那只是自欺欺人，更別天真地以為客戶聽完會自己主動說要買，你不勇於開口，客戶改天就跟別人成交了！」

銷售維他命

引導客戶的能力，決定你的績效，而這正是銷售夥伴極需提升的能力。

為什麼銷售成績總是一般般？

關鍵原因就在於：總是被客戶引導，而無法主導。

頂尖超業之所以成交率高，是因為很清楚知道：要成交，就必須勇於主導，而且為了讓客戶能更有效、快速地做出決定，他們還很善於引導客戶。

勇於主導：不是為了強迫推銷，而是不隨風起舞，偏離話題。

善於引導：是收斂客戶發散的想法，有效引導客戶購買成交。

第一步：同理客戶不易決定

談有效引導客戶之前，先分享一位朋友學社交舞的經驗。當時我陪他去參加舞蹈體驗課程。舞蹈老師問：「你會跳舞嗎？之前有學過嗎？」朋友之前完全沒舞蹈基礎，也沒經驗。

舞蹈老師說：「沒關係，你只要跟著我的腳步就行了。」

想不到我這位從沒跳舞經驗的朋友，在舞蹈老師的帶領下，就能跟著節奏踏出舞步了。在一旁觀察的我也好奇地問老師：「不會跳舞的人，只要跟著老師的腳步都能學會嗎？」

老師回答：「是啊，跳舞有兩個角色：一個是引帶者，一個是跟隨者。引帶者只要能帶領好，跟隨的人就容易跟上腳步，搭配著旋律，便能享受社交舞的樂趣了。」

舞蹈老師的話，正是給銷售夥伴們最好的啟發，頂尖銷售人不也該扮演引帶者的角色？許多銷售夥伴總能與客戶無所不聊，卻在成交關鍵，被客戶牽著鼻子走，成交始終沒著落；而

頂尖銷售人卻能巧妙地掌控話題，讓對方跟著我們的思緒，做出有利於他的選擇。

　　頂尖銷售人主導銷售節奏，讓客戶在我們的引導下，做出對自己最佳的選擇。當然也有銷售夥伴懷疑：「銷售人掌控談話的主導權，會不會過於強勢？」我必須強調，主導話題方向絕對不是滔滔不絕，更不是強迫客戶決定，而是讓銷售對談更有方向，甚至更容易達成具體結論。

第二步：引導客戶做決定

　　成交某個程度上是「半推半就」，如果你沒有塑造引導的氛圍，並有層次地推進，放著客戶自行決定，成交就會變成碰運氣，客戶也更加不知該如何決定了。為了協助客戶輕鬆做出明智決定，銷售人必須在成交階段，準備好一系列的漸進式引導問句。以保險為例：

第一次引導：理解客戶對保險概念的認同程度

　　銷售人：「您覺得自己比較在意的是保障型的保險，還是希望在保障的同時，也能夠有一些儲蓄的功能呢？」

　　客戶：「我覺得兩個都不錯耶！」

第二次引導：肯定客戶上一階段的選擇，聚焦現階段，讓客戶做出險種選擇

　　銷售人：「沒錯，兩種各有各的好。不過我建議您，以現

階段來考量。您覺得哪一個最符合現在的需求？」

客戶：「如果以現階段來考量，我覺得單純的保障功能比較符合現在的需求，至於儲蓄的功能，我覺得以後再說。」

第三次引導：肯定客戶上一階段的選擇，將問題收斂到預算上

銷售人：「我很認同您的想法，也支持您做這個決定。那既然我們以保障的部分來做考量，請問一下，上一次跟您談到保障的這一份計劃書，您覺得有沒有哪些地方的保額需要提高或做調整的呢？」

客戶：「我覺得按照這樣就可以了。」

第四次引導：肯定客戶上一階段的選擇，確認付款方式邁向成交

銷售人：「OK，那沒問題，就照這一份計劃書進行。對了，您也知道保費有不同的繳法差別，以您目前的情況，您比較傾向年繳、半年繳還是月繳呢？」

客戶：「月繳感覺負擔沒那麼重，我希望月繳。」

不斷收斂，才利於聚焦決策

依照上面的範例，在你第一次嘗試引導客戶時，客戶覺得「兩個都不錯」，雖然正面肯定了保險概念，但在實際決策上

還是缺乏明確的方向性，此時千萬不要拋出更多其他選項，例如「我們還有另一種賣得很好的商品」，這會將客戶推向選擇障礙的泥淖，銷售人應該提供下一步的思考方向，例如現階段的需求、最擔心的問題等。

運用漸進式的引導系統化排除客戶實質與心理上的各種難處，讓問題越來越收斂，客戶才能把注意力聚焦在購買與否的決策上。

想要提升成交機率，銷售人就必須做到「勇於主導」和「善於引導」。先體諒客戶做決策不易，讓客戶感受到被理解，再透過層層引導的方式，幫助客戶解決內心的糾結，收斂想法。

當銷售對話更有方向性，就不容易被客戶的猶豫或是其他話題牽著鼻子走，而能發展出漸進式的引導成交系統，讓你成為客戶做決策的協助者，相信一定能大大提升你的成交率！

筆 記 欄

5-5　克服客戶「不急」的軟釘子

堅定與持續，獲得客戶重視並進一步交流

　　有一回，我成交了一位建設公司的高階協理，夥伴們都恭賀我拿到了大單，然而事實上，我從來沒預期這位協理會跟我購買產品。

　　當初我將產品計劃方案提供給這位協理，只介紹了不到十五分鐘，他就說：「好啊，我知道了，我看看怎麼樣再聯繫你。」

　　後續幾次打電話聯繫協理，他要不是在開會，要不就是淡淡地說：「過一陣子再說吧！」

　　協理一連串回應讓我感覺到成交的機會應該很渺茫，不過我轉念一想，雖然跟協理互動不深，不過他也不至於討厭我，或是避不見面，於是我就當做「有勤跑有機會」，偶爾幾次順道經過協理的辦公室，就上樓去看看他，不過都沒聊上幾分鐘。

　　就這樣持續拜訪了半年多的時間。有一天，協理竟主動問我：「你們星期六有沒有上班啊？我如果跟你約假日可以嗎？」

　　於是在一個星期六，協理跟我簽約了。我滿臉好奇地問他：

「協理，每次拜訪您都很忙，常常跟您講不上幾句話，甚至還很怕打擾到您呢！您怎麼願意給我這個服務的機會啊？」

協理說：「因為你常來啊！」

我愣住了，協理會跟我成交，只是因為我「經常露臉」嗎？

「是啊，我的工作真的很忙，不少業務來拜訪我，我也沒時間多跟他們聊，他們大概都覺得我很難約，於是就沒再來了……」協理回顧他與其他業務員的互動，還用肯定的口吻對我說：「這點你就跟他們不一樣，你常來常跑，當然機會就是你的了啊！」

銷售維他命

> 敲門敲得夠久、夠大聲，一定會等到幫你開門的人。

許多銷售夥伴拜訪了客戶一、兩次，看到對方沒點頭簽單，就放棄持續經營，這其實很可惜！根據美國行銷協會的統計，第一次接觸就成交的案件比率，僅有二％；在第一次追蹤後成交的，是三％；第二次追蹤後成交的，有五％；十％的成交案件發生在第三次追蹤客戶時；而高達八十％的成交案件，是靠著銷售人員進行四至十一次追蹤後，才大功告成的！

關於不急，考驗的是你好不好被打發

當客戶以不急當藉口，多數情況都是在試圖打發你。

「不需要特別跑一趟，你把資料寄給我就好了。」

「好啊，這個我研究一下，找時間再來約。」

「不然這麼辦，你把名片留下來，以後我有需要再跟你聯絡。」

「你給我的資料已經夠充分了，我回去研究一下，看怎麼樣再找你。」

這些話看起來沒有說死，好像都有機會，但客戶常用這類「不急」的軟釘子跟你打太極，「不急」的本質是在挑戰「你好不好被打發」。

如果你遇到這些軟釘子就撤退，自然顯得很好打發，一切也就無疾而終了，這時銷售人必須展現出「我不會輕易放棄，我是很堅定，我是很認真的」。而你所展現的堅定自信，能讓客戶感受到：你所談的都是確有其事。

因此，堅定的銷售人會選擇這樣回應：

「資料寄給您，當然沒問題。不過，如果沒有確認您的需求，擔心寄過多的資料給您，對您來說其實也是一種困擾吧？」

「沒問題，電話本來就會留給您，方便日後大家聯繫。但是，如果您只有我的電話，而不知道我能夠為您做哪些服務的話，大概也不會主動連繫我，不是嗎？」

並乘勝追擊，尋求進一步的服務機會：

「既然有這個機緣，您看是不是找個時間，大家見個面、交流一下想法，我相信對您一定會有幫助的。」

提供充分訊息，善用肯定式問句引導

聽完產品介紹，客戶在決定是否購買時，內心大多十分猶豫掙扎，為了爭取更多的思考時間，客戶常以「過一陣子再說」「我再考慮看看」「我回去研究一下，決定了再和你聯絡」這類說詞，背後的另一個原因是，為了延後決定成交的時間。

客戶之所以需要更多時間考慮，就是認為資訊不夠充分，銷售人這時需要藉由提問探尋，引導客戶說出他真正的考量。例如詢問對方：「剛才跟您介紹的這檔基金，您聽完之後有什麼樣的想法？」

如果銷售的產品能實際體驗，那就該讓客戶親身體驗、感受，從中創造更多的互動，例如：「剛才跟您介紹的這套互動式學習教材，建議您可以親自操作使用一番，更能感受到跟一般學習教材的不同之處⋯⋯」

切記不要埋頭苦講，那只會讓客戶認為你在唱獨角戲！確認客戶得到充分的產品資訊後，引導客戶正視並評估你所提的建議方案，可以藉由一連串的「肯定式問句」，引導客戶做出一連串的肯定回應。

以銷售健康食品為例：

埋頭苦講式

銷售人：「相信您應該知道，現代人雖然物質生活富足，但文明病也越來越多了，尤其現在工作壓力這麼重，我們全都處在亞健康的狀態下，加上三餐都吃外食，營養不均衡……」

這樣子的說法容易讓客戶覺得銷售人只是在唱獨角戲，完全不想聽下去。

肯定式問句引導

銷售人：「相信您已經發現，現代文明病越來越多了？」（停頓、反問）

客戶：「是啊。」

銷售人：「尤其我們在大都市生活忙碌、工作緊張，您也知道，很多疾病都是來自壓力太大，沒錯吧？」（停頓、反問）

客戶：「真的呢。」

銷售人：「雖然我們現在過得不錯，但是三餐都吃外食，容易營養不均衡，對不對？」（停頓、反問）

客戶：「對對對，都一直吃外食——」

銷售人：「長期下來，您覺得我們的身體能承受多久？」（停頓、反問）

客戶：「的確會有這樣的可能……」

這樣子的說法能讓客戶覺得有來有往，整段對話像是在和銷售人聊天，彼此都充分參與了整個討論！

　　藉由一系列的肯定式問句，協助客戶確認你所提的建議方案真的能為他帶來幫助，解決他心中的疑慮，進而激發客戶想要立即擁有的慾望。

　　銷售夥伴別因為客戶忙就以為沒機會，也千萬別因為客戶說「不急」就輕易放棄，請用堅定的口吻展現信心，尋求進一步交流機會。每多聯絡客戶一次，客戶就多一次感受到你的真心推薦，也往成交的目標多邁進了一步。

筆 記 欄

5-6 別將「不需要」當真

展現銷售信念，以及對產品的認同度

　　某天得知兒子才藝班的老師離職了，這位老師很受學生及家長的歡迎，大家都感到很惋惜，幸好兩星期之後才藝班的新學期開始，我們又見到這位老師的身影。我心想，一定是這位老師口碑很好，又被重金禮聘回來，直到有一回跟這位老師聊天，才得知老師離職的那兩週，原來是去挑戰銷售業務的工作。

　　我當然好奇地問老師：「您怎麼會想要轉行去做銷售啊？」

　　老師告訴我，他很喜歡教兒童才藝，這份工作也給他很多成就感。但少子化的衝擊，使才藝班招生越來越不容易，每到了招生期間，每位老師都要背「業績」、扛下招生壓力，加上對收入的不滿，於是心生轉行的念頭：「有一位學生家長從事銷售工作，知道我的情況之後，這位家長便鼓勵我，何不來銷售工作試試？」

　　我忍不住追問：「老師，您既然敢跳脫舒適圈去嘗試，怎麼又放棄了呢？」

　　老師表示，當初他也對銷售工作抱著理想與憧憬，於是一開始就跟才藝班的其他老師、幾位比較常互動的家長分享他轉換工作的消息。沒有料到大家聽到他改行從事銷售，每個人的態度都不一樣了，紛紛拒絕他，不是「謝謝，不需要」，就是「以後有需要再跟你說」，老師感嘆地說：「以前在才藝班多少還能贏得家長的尊敬禮遇，想不到當身分一變，這些熟人連互動打招呼，都不像過去那樣熱絡了……」老師受不了這麼大的反差與冷淡，於是又回到才藝班繼續教課。

　　但是在才藝班招生，不也會面臨拒絕？於是我請教老師：「老師，您通知家長才藝班又有新課程時，也會有家長跟您說『不需要』『這樣就夠了』『先暫時這樣就好』吧？」

　　「當然會啊！」

　　「聽到家長這樣的回應，您也會有挫折感嗎？」

　　「不會。」

　　「那就奇怪了，才藝班招生跟銷售不是都一樣嗎？怎麼會有如此大的差別呢？」

　　只聽到老師自言自語地說：「應該是我心態沒有調整好，才會這樣吧？」

銷售維他命

　　真正打敗你的，不是客戶的拒絕，而是你的信念。

上述故事中才藝老師的狀況，反映了許多銷售新人承受不了客戶的拒絕，而挫敗放棄的血淚經驗。

要避免客戶的拒絕，有兩種做法：一是不碰任何有銷售成分的產業，但同時也代表失去改變與突破的可能性；第二種做法就是強化自身「被拒絕」的抗體。

各行各業的頂尖超業都知道，客戶的拒絕經常是出自於本能反射，因此超業會調整好自身的心態、強化應對進退的能力，遇到客戶的拒絕時，可以從容自在地面對。

「不需要」是出自於本能反應

你我都有被銷售的經驗，大部分的人不也都是以「不需要」或是「沒興趣」作為拒絕的理由。當立場對換時，銷售人每天抱著對自家產品的滿腔熱情，四處拜訪客戶，換到的大多是冷默的回應，只能說：「如人飲水，冷暖自知。」

在踏入銷售這一行之初、受到無數拒絕時，曾讓我十分納悶：「客戶為什麼都還沒認真聽，也不管我能為他們做什麼，就果斷回答『不需要』？」

後來我發現，客戶不假思索地拒絕大多是出自於人的「本能反應」，這並不代表客戶討厭、針對你，或是公司的產品有問題，而是客戶對每個上門的銷售人都以同樣方式對待；或是就是習慣性地「自我防備」。如何卸除客戶防備心，才是銷售人該認真思考的事。

　　這也說明了為什麼在銷售的一開始，建立信任、讓客戶卸除防備心如此重要。銷售夥伴不該被客戶的本能回應給打敗，反而要試著理解客戶：「的確有很多客戶在一開始會覺得不需要這項產品／服務，不過在我們簡單的交流之後，他們都發現我們公司所提供的產品／服務，確實能解決他們擔心的問題……」

　　只有在客戶對你產生信任感，卸下防備心之後，他才有可能聽你的產品與服務說明。

挑戰你的銷售信念和產品認同

　　銷售人所銷售的，不只是產品本身，更是你的「信念」。面對客戶斬釘截鐵的拒絕，本質上是在挑戰「你的銷售信念是否足夠」，以及「你對產品認同有多深」。什麼叫做足夠的信念？就是你是否相信：你的產品是每一位客戶都需要、能讓每個人過得更好。

　　而我深信：「不需要，不等於沒需求；沒興趣，不等於不需要。」

銷售信念

　　當客戶說：「抱歉，我不需要。」

　　銷售人可以這麼回應：「我能夠理解，畢竟我們不會對不了解的東西產生興趣，而這也就是我希望能夠找時間跟您分享……」

「我們都認同，現在不需要，不代表它對我們毫無幫助，相信您在花些時間了解之後，很可能就會有不同的想法……」

產品認同

銷售人該有的產品信念就是相信：每一位客戶都需要你的產品、服務，還能讓每個人過得更好。

藉由跟客戶分享你的看法，得到認同，客戶才會被你的熱情感染。

當客戶說：「我們已經有規劃了，目前不需要。」

銷售人可以這麼說：「已經有規劃很好啊！表示您確實有這方面的需求，相信您一定認同，不同的產品有不同的優勢，如何透過不同產品的互補，讓您有更好、更完整的解決方案，相信您對這一點一定會有興趣的……」

分享你的觀點，引導客戶思考

當客戶說：「你的產品很好，但是我不需要。」

首先，除了展現對產品的堅定信念，你還要能進一步提出觀點、說法，讓客戶覺得：「你講的似乎也有道理，好像我真的該先聽聽看。」

以保險銷售為範例，當客戶說：「我每個月的薪水已經很有限了，哪還有多餘的錢規劃保險呢？」銷售人可以強調保險能為客戶帶來生活的保障和安全感，引導客戶：「就是因為每

個月的薪水有限，那更需要透過保險的保障及規劃功能，才能將有限的錢發揮到最大的效益，不是嗎？」

反之，若是資產豐厚的客戶說：「我的身家和現金都足以讓我提早退休了。你告訴我，在這種情況下，我還需要買保險嗎？」這時可以從讓客戶明白保險能協助他做更好的資產規劃著手，進一步引導客戶：「正因為您已經非常富裕了，最有資格透過保險規劃，來進行聰明的資產配置……」

現在客戶說的「不需要」，很可能在未來的某個時間點、遇到某個問題，就陷入了卡關，才意識到我們當初推薦的產品可以解決他的問題。你要知道，客戶的需求是動態的，所以千萬不要把暫時的挫敗，當作永遠喪失了機會。

遇到挫敗時，還要維持正向積極的信念不容易，我通常會自我鼓勵：「每個客戶都期待見到我，因為我是帶著有益於他們的好消息去分享！」時時強化自身的信念，不論是對銷售，或是對產品和服務，這股相信的力量，能讓你在銷售路上時時獲得力量。

5-7　不是有沒有錢，而是值不值得

聚焦產品價值，讓客戶「夠想要」

　　我的公司有一位擔任行政職的年輕人，他是 Apple 的「超級果粉」，凡是新 iPhone 問世時，他一定要第一時間擁有，從以前訂水貨到現在漏夜排隊、抽號碼牌，追新機的瘋狂與執著程度令人瞠目結舌。

　　這名年輕行政的薪水很高嗎？家境背景很好嗎？工作業務真需要最新款 iPhone 不可嗎？我身為他的老闆，很清楚地知道他只是追求時下年輕人喜歡新潮、刷存在感的心理滿足而已。連我自己都是拿幾年前的舊款 iPhone，已經覺得規格與功能很夠用了，所以我也好奇，他為什麼會這樣瘋新款手機？

　　「為什麼任何一款新 iPhone 出來，你都要搶第一啊？」

　　「我就是很喜歡啊！」年輕同事噘著嘴說。

　　「現在一台 iPhone 空機都要兩、三萬元，你每一代都追，哪來那麼多錢啊？」

　　談到 iPhone，年輕同事的話匣子就開了，他每次收到新手

機，就立刻去包膜、用漂亮的手機殼保護，小心翼翼地一點刮痕都不留下，用了一年之後，新款也差不多要問世了，此時還有九成九新的上一代就在網路拍賣個好價錢，自己再貼點錢就能夠換最新款了……

「很想擁有最新款 iPhone，在朋友圈中顯得體面」是這位年輕同事所追求的感覺，也因此經濟不寬裕的他積極地想方設法買新款手錶，這也替我上了一課——只要你的產品能讓客戶「夠想要」，錢的問題，客戶自然會想出方法！

銷售維他命

> 當產品／服務能解決客戶的問題，能滿足客戶的期待，價錢就不是問題。

到了成交階段，當客戶以「沒錢、太貴了、預算不夠」做為拒絕理由時，你是如何回應的呢？有些銷售夥伴因為經驗不足或是底氣不夠，一聽到關於「錢」或「貴」這方面的問題，就不自覺掉入陷阱。

另一個值得思考的是：客戶說自己沒錢，到底是真是假？這個問題事實上不可考，即使是死黨和閨蜜，也不見得知道彼此的財務狀況。既然不知道是真沒錢還是假沒錢，為何需要圍繞在這個問題上面打轉呢？

　　頂尖超業不會跟客戶在價格上有太多著墨,而是聚焦強調產品的價值。

嫌貴,是因為感受不到價值

　　我常對銷售夥伴強調:「客戶之所以感覺貴,是因為還沒感受到價值。」換句話說,只要能讓客戶感受到產品帶給他便利、物超所值,客戶就會認為這個價錢是值得的。

　　然而,銷售夥伴經常在客戶還沒有足夠強的購買慾望前,就直接談成交、談商品的價格,於是客戶覺得不值,或是不斷討價還價。

　　在談到價格之前,銷售夥伴要先確認:客戶是否清楚知道,這項產品能滿足他的哪些需求?能解決哪些困擾?與同質性的產品有哪些差異?為什麼是客戶最佳選擇?以銷售投資型保單為例說明:

　　「推薦給您的投資型保單,不但能用最低的保險成本滿足您所需要的保障,保費其中一部分直接連結投資,強迫儲蓄的同時,還能達到進可攻(投資獲利),退可守(儲蓄)……投資型保單的一舉兩得,也是一般傳統保險無法做到的。」

　　藉由以上幾個角度去凸顯產品價值,當產品的價值好處越是能凸顯,客戶的購買慾望就越往上提升一層。

　　想要將產品成功銷售,除了滿足客戶實質好處之外,若是還能滿足客戶的期待,那就更是無往不利。客戶購買的不只是產

品本身，更是產品所帶來的心理滿足。就像我公司裡的這位年輕同事，他不只是為了買一隻手機，買的更是拿到新款 iPhone 能在同儕朋友面前很「威」、很體面的心理期待。

在談成交、談價錢之前，銷售夥伴該先確認是否做到激發客戶的購買慾望，不論是產品的實質好處或是滿足客戶的心理期待。當客戶的有了購買慾望，價格的問題就迎刃而解。

銷售人，別陷入價錢的泥淖

產品的價格往往不是銷售人能決定的，就算是有所謂的讓利、折價空間，也絕非成交時的主要訴求。我希望銷售夥伴建立一個觀念：產品、服務是有對價關係的。使用者付費天經地義，想得到產品的好，就必須付出對等的代價，銷售人無須尷尬害羞，「一分錢，一分貨」是硬道理。

紅頂商人胡雪巖有一則小故事：他販售的藥材，都講究真材實料，可想而知價錢比一般藥鋪來得高，而他的藥鋪掛著一塊匾額，上面寫「真不二價」，每當遇到客戶討價還價，他就指著店裡的這面匾額，跟客戶說：「價二不真，真不二價。」

如果銷售的產品單價很高，客戶會不會聽了價格就被嚇跑？高單價的產品銷售，更應該回到產品的價值層面做訴求，而不是急著把「可以打折」這些話搬出來。

況且，我們無法求證客戶是否真的沒錢、沒預算，因此最佳策略就是「忽略」。不要陷在假議題裡，陷入過多的爭論，

例如：「您怎麼可能沒錢？您不是一個月有多少薪水……」「您不是上個月才出國旅行嗎？應該手頭很寬裕……」這些追問，不只對成交沒有幫助，還容易踩客戶的地雷。如果甚至還幫客戶出主意，討論怎樣能籌到錢，例如：「那還是您先跟父母／家人／男女朋友借……」這都逾越了銷售人的本分，當客戶表示口袋不夠深時，你只需四兩撥千斤地說：「您太客氣了。」

面對價錢、價值這類問題時，銷售人應該先確認兩個前提：用產品的價值好處激發客戶的購買慾望，並進一步釐清客戶購買意願的程度。

別在談到成交時，不敢提價格；別在講到錢時，覺得會尷尬難為情。當客戶感受到你的產品／服務，能為他帶來好處時，便會心甘情願地買單。

筆 記 欄

5-8　給客戶做決定的信心

成交不是靠說服，而是要讓客戶「心情舒服」

　　有一回我在咖啡店整理資料，開放空間中多少會聽到臨桌的談話，坐在我旁邊的是一位保險業務員正在跟客戶談話，從他們的談話得知業務員已經介紹完產品，正積極地鼓勵客戶趕快簽單做決定。

　　業務員說：「剛才介紹過的保險方案，確實能夠滿足您的需求，住院時有給付，發生意外也有保障，每個月只要三千多元⋯⋯，這些條件完全符合您的考量，沒問題的話，是不是今天就簽約，讓保障生效？」

　　「聽起來沒問題，不過我想回去再仔細研究看看。」客戶回應。

　　「唉呀，還有什麼好研究的？您所在意的，不是都規劃到了嗎？」業務員繼續推進。

　　「是沒錯啊，不過我還是想考慮一下，再做決定比較好⋯⋯」

　　「既然都沒問題的話，還有什麼好考慮的？」

在業務員的連番追問下，客戶終於說出心聲：「因為這是我第一次買保險啊！你說的都很有道理，不過我還是想回去問問看家人的意見，這樣也比較安心。」

「買保險是自己的事，幹嘛還要問家人呢？而且家人給您的意見，也不見得專業啊！」業務員顯然不願節外生枝，繼續遊說客戶趕快簽約：「更何況，每個月只要三千多塊錢，又不是付不起，有什麼好顧慮的呢？」

俗語說：「當局者迷，旁觀者清。」我在一旁默默觀察這個場景，看到的是這位業務員迫不及待要客戶當下決定，而客戶卻是一臉無助想逃離現場的表情。

雖然我先起身離開，不過我大膽猜想，這位業務員拿不到這張合約，而這位客戶十之八九也不會想再見到這位銷售夥伴。

銷售維他命

銷售人該扮演的角色是：協助客戶購買，而不是強迫客戶決定。

相信你也見過或聽過用各種軟硬兼施、趕鴨子上架的方式，要客戶快點做決定。

「不趁今天簽約，還等待何時呢？」

「我都已經介紹那麼清楚了，還有什麼好猶豫的，您簽名

就對了！」

客戶最怕的，就是這種企圖心遠勝於同理心的銷售人。別以為只有銷售人開口談成交需要勇氣，客戶要下定決心購買我們推薦的產品，不也需要很大的勇氣？

頂尖超業都有這樣的認知，所以能設身處地為客戶著想，明白客戶遲遲不做決定，是因為對自己的決定沒信心。超業們還知道在成交階段不是靠說服，而是讓客戶覺得跟自己做這筆交易很自在，所以會給客戶做決定的信心。

客戶沒信心，是來自過去經驗

探究客戶不敢做決定的原因，不外乎兩種，一是客戶過去沒有經驗，二是客戶過去有不好的經驗。

回想你我在面對第一次買屋、第一次買保險、第一次買車等各種「第一次消費」時，因為沒有過往經驗可供參考，所以會感到猶豫或難下決心，甚至擔心自己做了錯誤的決策，這不都是很尋常的情況嗎？

這時銷售人該扮演的角色，就是帶著同理心陪伴客戶，並能理解客戶感受的朋友，千萬不要拿出銷售話術來強加壓力。

銷售夥伴可以這麼跟客戶溝通：「面對第一次購買，會不知道從何決定，甚至擔心還有什麼顧慮不周的地方，這是很普遍的，我自己也是過來人，可以跟您分享我的經驗……」

當客戶接收到同理的回應，一來會比較安心，原來他的顧

慮是很尋常的，二來讓客戶感受到銷售人的同理心，原來從業人員本身也有過這些考量。

另一種情況是，客戶和他的親朋好友過去購買類似性質的產品時，曾有不好的經驗，就是所謂「一朝被蛇咬，十年怕草繩」。

例如我曾經興沖沖報名語言學習課程，還買了成套的教材，而這些課程與教材的費用並不便宜，有些甚至高達新台幣一、二十萬元，但最後都由於某些原因，讓我無法達到預期的成效，令我之後對這類商品都抱持觀望或保留的態度。

這時銷售夥伴應該扮演陪伴者、協助者的角色，而不是說：「解先生，我們的課程跟別人不一樣喔！學費也比起坊間便宜許多……」這樣一直催促客戶快下決定的說法，不能改變客戶過往的負面經驗，甚至更會引發不信任與反感。

給客戶信心，當個支持給力者

客戶猶豫不敢做決定、沒信心的根源，並不是對你的公司、產品沒信心，也不是對你這個銷售人沒信心，而是對自己的判斷力沒信心，這時，銷售人要能扮演支持者的角色，激勵客戶跨出心理障礙。

例如開場故事中的客戶說：「我還是想回去問問看家人的意見……」

業務員如果只想著自己的業績，沒有同理客戶的感受，還

說出：「長這麼大了，連這種事都要回去問媽媽、問家人，根本是媽寶。」聽到這樣的言語，客戶不但認為你沒替他設想，還會覺得自己被冷眼嘲笑，轉念想：「我幹嘛花錢找氣受？」那銷售人之前拉近距離、介紹產品的努力，不就前功盡棄了？

面對這類情況，銷售夥伴可以這麼說：「我能理解，跟家人一起討論可以讓思慮更周全。不過我相信，當家人知道這份規劃既可以滿足現階段的需求，費用也不會造成生活上的壓力，他們也會支持的，您說是嗎？」

沉默的力量，陪伴比多話可靠

除了扮演支持者的角色之外，當客戶猶豫不決時，適時地「沉默」，也會有意想不到的結果。

許多剛踏入銷售行業的夥伴，每逢客戶猶豫不決時，誤以為多說話、多解釋能讓客戶更快做決定，但有時候過於急躁，讓資訊量比先前更多、更混亂，反而讓對方更難做出決定，只會得到反效果。

每個人都希望從對方身上得到肯定、支持的力量，銷售夥伴除了多說正面肯定的話之外，靜靜陪伴也能給人莫大的安全感。當客戶陷入沉思時，往往是他們在跟自己內心對話，這時需要的是幾分鐘的安靜，銷售人只要在一旁陪伴，等待片刻讓客戶說出自己的想法，成功機率遠比喋喋不休更大！

　　若是一心想著盡速簽單成交，聽到客戶表示：「我再考慮看看。」經驗不足的銷售夥伴很容易追著非核心的問題團團轉：「那您要多久時間做決定？」「需要我一起跟您的家人解說嗎？」這不只徒增客戶的壓力，還會被客戶越來越多的問題牽著鼻子走，也喪失了引導的籌碼和優勢。

　　同理客戶做決定的不容易，給予他們信心、讓他們相信自己的判斷，並且讓客戶覺得「這筆交易很舒服」，這才是頂尖超業的風範。

筆 記 欄

5-9　經營關係做服務，商機無限

業績不分大小件，只有人心大小眼

我的銷售成績，是從零到有。

當年在高雄進行陌生開發拜訪了一年半，由於每一次交流都得來不易，哪怕別人只是隨口詢問，我都很認真地回覆，格外珍惜客戶給的每一個微笑、每一次機會。

當時我每個月平均能成交六到八位客戶，但由於都是陌生經營，加上客戶多屬於社會基層，每一筆成交金額都不高，而且客戶大多選擇月繳方式，在公司的業績排行榜上，我只能算有中等產值。

有時候我很羨慕其他同事能經營到有錢的客戶，一次成交的業績是我整個月加總的好幾倍，說我沒壓力、沒有不平衡過是騙人的。

我經過一番調適，告誡自己：「人的信任關係是無價的，陌生人願意相信我，比成交大單更寶貴。」這一轉念，讓我的銷售生涯展開了新局。

就在不久前，我帶著家人專程到高雄參加一場婚宴，太太好奇地問我，婚禮的主人家是哪個時期的客戶？他跟我買了什麼樣的產品？

「是我二十幾年前做保險銷售時認識的，他什麼都沒跟我買。」我說。

太太很納悶地問我：「這哪裡算是客戶呢？你又怎麼會跟他保持聯絡到現在？」

雖然這位婚禮主人家沒跟我購買保險，沒緣分成為我的客戶，不過他陸續幫我介紹了好多位成交的客戶，是我重要的貴人之一，在我十二年的保險銷售生涯裡，有好幾位這樣的貴人。

太太覺得很不可思議，要照顧既有客戶都不容易了，還要讓沒有成交的人願意轉介紹，這是怎麼辦到的呢？

當然是靠經營囉！因為我投入銷售初期沒人脈、沒資源、沒經驗，只能挨家挨戶陌生開發，好不容易跟客戶建立了信任，所以更加體會到「珍惜每一個機會」的重要，如果只因為暫時沒能成交，就放棄持續經營的機會，那豈不是浪費寶貴資源？

銷售維他命

回歸銷售的真諦：認真經營人與人之間的關係。

銷售人追求的終極目標是什麼？大多數人會這麼回答：「當

然是為了能簽單成交啊！」

　　這真的是答案嗎？我個人覺得，投身銷售追求的不只是成交而已，而是源源不絕的成交。最重要的不是當下有無簽到訂單，而是客戶是否因為這筆交易，信任了你這個人——我深信，這是所有銷售人覺得最驕傲、最有成就感的回饋。

　　隨著市場競爭越來越激烈，產品的差異性越來越小，過往產品導向的年代早已過時，如今客戶更在意的是體驗與感受。這也意味銷售不能只是靠產品、拚價格，而是回歸到銷售的真諦：人與人之間的關係經營。

未成交的客戶，還有後續可能

　　剛開始從事銷售時，我以為每天努力去尋找新客戶，就能夠達成業績目標。事實上，要讓一位新客戶見面、建立信任、願意深談，這是有相當高的難度，過程中往往要承受許多拒絕。

　　有一次，我在盤點手上還有哪些客戶資源時，才發現雖然每個月能夠成交七、八位客戶，但仍有一大群是「曾拜訪過，但沒有成交」的客戶，這數量高達上百人。我突然靈機一動，心想針對拜訪過但是未成交的客戶，平時若也能夠活化經營，不要全靠陌生開發，每個月在當初未能成交的客戶中經營出一、兩個成交，不是更有效率嗎？

　　於是，每當客戶明確拒絕，或表明「暫時不考慮」購買時，我在拜訪結束時都會這麼說：「沒關係，雖然這次沒機會幫您服

務，但是緣分是長長久久的，日後我一樣隨時提供資訊給您。」每位客戶聽到這番話，幾乎都是欣然同意，而我也為日後的持續經營留下伏筆。接下來，我會以定期提供相關產品訊息、新聞，以及節日時表達問候、順道拜訪等方式經營，讓客戶感覺到我的存在。

就這樣具體實踐想法，並針對「曾拜訪過，但沒有成交」的客戶持續經營了三、四個月後，果真每個月總會有一、二位客戶是透過這種經營方式而成交了訂單，也讓我從中學到寶貴的一課：「客戶的需求是動態的。」客戶現在不考慮，不等於日後沒有需求，成交的關鍵在於有沒有持續經營。

至於成交的客戶，再透過關係經營的深化，當客戶的經濟狀況漸入佳境，也會從單一規劃變成全面規劃，甚至將規劃延伸到整個家族，成交的小單也會成長為大單。

深耕好服務，延伸無限商機

曾有銷售夥伴抱怨：「每個月光是開發新客戶的壓力就很大了，還要服務舊客戶，哪裡來這麼多時間啊？」會有這樣的埋怨，是因為把客戶服務視為成交後的「衍生義務」，難怪備感壓力；或者是將客戶分等級，簽大單的奉若上賓，簽小單的就不聞不問，不乏有客戶感受到這種差別待遇，自然不樂意和「現實的業務員」來往。

服務是我們對每一位客戶的承諾，怎麼可以用大小眼、分

別心來看待呢？

「勿以客戶小而大小眼，勿以大客戶而抱大腿。」我總是提醒銷售夥伴，將客戶服務視為得來不易的機會：「感謝客戶，將服務他的權利給了我。」

這樣的心態轉換，讓我每次服務都能樂在其中，而每次服務的機會，總有意料不到的收穫，例如可以更新客戶近況、發現新需求，同時在服務的過程中，認識客戶周遭的親朋好友，用服務帶動銷售，才是更聰明的銷售策略。

可惜還有許多銷售夥伴沒意識到這點，甚至短視近利地想：「這位客戶不買，我當然是去找別人囉！」「客戶就堅持不要，我還能怎麼辦？」而頂尖超業們不是只在意當下的成交與否，而是把每個接觸過的客戶都當成寶貴資產，這才是確保銷售事業成功的基石。

許多人認為銷售最難的部分是成交，但我認為「關係經營」與「服務」遠比成交更為重要。想讓客戶買單一次其實不難，但若是要讓客戶持續回購，甚至幫忙推薦轉介紹，靠的就是用心與深耕經營。

客戶的回流率就是心占率，銷售夥伴必須隨時省思，自己在經營客戶上有沒有花心思？有沒有讓客戶感受到「你是真心待他」？當你在客戶心中占有一席之地後，相信一次的成交不會是結束，而是下一次銷售的開端，並能讓你的業績百尺竿頭、

更進一步。

　　小客戶會成長、人脈會擴散，銷售夥伴要將眼光放遠，珍
惜人與人之間的信任和情誼。

筆記欄

筆 記 欄

學員心得，廣獲好評

自由業 王先生
★★★★★★

> 老師的課每次聽起來都很有模組，步驟、架構、流程都很清楚。
> 老師有一個很完整的系統，……所以老師的課程真的很推薦大家，真的是買到賺到。

房仲業 林小姐
★★★★★

> 在老師的課程中，我覺得很棒的是，……如果我們花很多時間認為每個客戶都是我們的菜，就會花很多的精力和時間在這些客戶上面。……銷售也要聚焦，才能創造自己的客源。

保險業 陳小姐
★★★★★

> 老師說要有戰術、戰略，在戰略的部分真的是收穫最大的。……回歸到本身有什麼樣的特色、有什麼樣的亮點，讓客戶知道說可以能夠為他做些什麼。

金融業 顏先生
★★★★★

> 這個產業真的需要前輩的指導怎麼可以做得更好，……每個部分真的都很有幫助，最有感覺是轉介紹，因為轉介紹可以快速有效的命中成交，達成 CP 值最高的方式，效率可以拉得更高。

保險業 王先生
★★★★★★

> ……老師上課部分點到我們最核心的價值，不是去學片段的，而是要如何去學習整個系統，……這四個系統剛好我在業務行銷上面可以去努力架構起來，然後去輔導我的業務夥伴。

傳直銷 陳先生
★★★★★

> ……如何把顧客的心抓住，我要用什麼方法讓他盡快成交，運用同樣的道理，不是一直針對產品去做推銷，但是通過引導可以讓他對我有信任感，進而成交。

頂尖銷售・業問100

華人第一套系統化銷售攻略

5大
銷售階段

100支
精選影片

5分鐘
解一難題

以行銷力表達 5 階段為基底，精選各階段常見問題，
提供 100 道問答奠定銷售硬實力！

銷售開發　　接觸接近　　商品表達　　拒絕處理　　轉介延伸

「業問 100」適合誰？

- 具強烈企圖心的業務／銷售人
- 尋求系統化教學的業務主管
- 欲建立團隊成長的訓練單位

上完課，你可以 ......

- 通盤規劃，站在銷售的制高點
- 知己知彼，顧客轉介長期經營
- 現學即戰，快速累積銷售實力

了解更多【業問 100】　　　　立享線上體驗

國家圖書館出版品預行編目資料

超業攻略／解世博作. -- 初版. -- 臺北市：商周, 城邦文化出版：
家庭傳媒城邦分公司發行，2020.01
　　面；　　公分

ISBN　978-986-477-694-8（平裝）

1.銷售　2.銷售員　3.職場成功法

496.5　　　　　　　　　　　　　　　　　108010729

超業攻略：比銷售技巧更值得學的事

作　　　者／解世博
文 字 整 理／陶曉嫚
責 任 編 輯／程鳳儀、黃筠婷

版　　　權／黃淑敏、翁靜如
行 銷 業 務／林秀津、王瑜
總　編　輯／程鳳儀
總　經　理／彭之琬
事業群總經理／黃淑貞
發　行　人／何飛鵬
法 律 顧 問／元禾法律事務所　王子文律師
出　　　版／商周出版
　　　　　　城邦文化事業股份有限公司
　　　　　　115台北市南港區昆陽街16號4樓
　　　　　　電話：(02) 2500-7008　傳真：(02) 2500-7579
　　　　　　E-mail：bwp.service@cite.com.tw
發　　　行／英屬蓋曼群島商家庭傳媒股份有限公司城邦分公司
聯 絡 地 址／115台北市南港區昆陽街16號8樓
　　　　　　書虫客服服務專線：(02) 25007718．(02) 25007719
　　　　　　24小時傳真服務：(02) 25001990．(02) 25001991
　　　　　　服務時間：週一至週五09:30-12:00．13:30-17:00
　　　　　　郵撥帳號：19863813　戶名：書虫股份有限公司
　　　　　　讀者服務信箱E-mail：service@readingclub.com.tw
　　　　　　城邦讀書花園www.cite.com.tw
香港發行所／城邦（香港）出版集團有限公司
　　　　　　香港九龍土瓜灣土瓜灣道86號順聯工業大廈6樓A室
　　　　　　電話：(825)2508-6231　傳真：(852)2578-9337
　　　　　　E-mail：hkcite@biznetvigator.com
馬新發行所／城邦（馬新）出版集團【Cite (M) Sdn Bhd】
　　　　　　Cite (M) Sdn Bhd
　　　　　　41, Jalan Radin Anum, Bandar Baru Sri Petaling,
　　　　　　57000 Kuala Lumpur, Malaysia.
　　　　　　電話：(603)9056-3833　傳真：(603)9057-6622　email: services@cite.my

封 面 設 計／李東記
電 腦 排 版／唯翔工作室
印　　　刷／韋懋實業有限公司
總　經　銷／聯合發行股份有限公司　　電話：(02)2917-8022　傳真：(02)2911-0053
　　　　　　地址：新北市新店區寶橋路235巷6弄6號2樓

■ 2020年1月17日初版
■ 2024年6月13日初版14刷

定價／380元

Printed in Taiwan

城邦讀書花園
www.cite.com.tw

廣　告　回　函
北區郵政管理登記證
北臺字第10158號
郵資已付，免貼郵票

115　台北市南港區昆陽街16號8樓

英屬蓋曼群島商家庭傳媒股份有限公司城邦分公司　收

- -

請沿虛線對摺，謝謝！

書號：BH6058　　書名：超業攻略：比銷售技巧更值得學的事

讀者回函卡

感謝您購買我們出版的書籍！請費心填寫此回函卡，我們將不定期寄上城邦集團最新的出版訊息。

不定期好禮相贈！
立即加入：商周出
Facebook 粉絲團

姓名：＿＿＿＿＿＿＿＿＿＿＿＿＿＿＿＿＿＿ 性別：□男 □女

生日：西元＿＿＿＿＿＿＿年＿＿＿＿＿＿月＿＿＿＿＿日

地址：＿＿＿＿＿＿＿＿＿＿＿＿＿＿＿＿＿＿＿＿＿＿＿＿＿

聯絡電話：＿＿＿＿＿＿＿＿＿＿ 傳真：＿＿＿＿＿＿＿＿＿＿

E-mail：

學歷：□ 1. 小學 □ 2. 國中 □ 3. 高中 □ 4. 大學 □ 5. 研究所以上

職業：□ 1. 學生 □ 2. 軍公教 □ 3. 服務 □ 4. 金融 □ 5. 製造 □ 6. 資訊

□ 7. 傳播 □ 8. 自由業 □ 9. 農漁牧 □ 10. 家管 □ 11. 退休

□ 12. 其他＿＿＿＿＿＿＿＿＿＿＿＿＿＿＿＿＿＿＿＿＿

您從何種方式得知本書消息？

□ 1. 書店 □ 2. 網路 □ 3. 報紙 □ 4. 雜誌 □ 5. 廣播 □ 6. 電視

□ 7. 親友推薦 □ 8. 其他＿＿＿＿＿＿＿＿＿＿＿＿＿＿

您通常以何種方式購書？

□ 1. 書店 □ 2. 網路 □ 3. 傳真訂購 □ 4. 郵局劃撥 □ 5. 其他＿＿＿＿

您喜歡閱讀那些類別的書籍？

□ 1. 財經商業 □ 2. 自然科學 □ 3. 歷史 □ 4. 法律 □ 5. 文學

□ 6. 休閒旅遊 □ 7. 小說 □ 8. 人物傳記 □ 9. 生活、勵志 □ 10. 其他

對我們的建議：＿＿＿＿＿＿＿＿＿＿＿＿＿＿＿＿＿＿＿＿＿＿

＿＿＿＿＿＿＿＿＿＿＿＿＿＿＿＿＿＿＿＿＿＿＿＿＿＿＿＿＿

＿＿＿＿＿＿＿＿＿＿＿＿＿＿＿＿＿＿＿＿＿＿＿＿＿＿＿＿＿